ZAI YIQI,
GENG QINMI

〔意大利〕乔瓦尼·弗契多——著

孔令稚——译

Together,
Closer

在一起，更亲密

关于友情、爱情和家庭的亲密关系故事

时代出版传媒股份有限公司
安徽文艺出版社

图书在版编目（CIP）数据

在一起，更亲密/（意）乔瓦尼·弗契多(Giovanni Frazzetto)著；孔令稚译.--合肥：安徽文艺出版社，2022.7

书名原文：TOGETHER, CLOSER:Stories of Intimacy in Friendship,Love and Family

ISBN 978-7-5396-7410-0

Ⅰ.①在… Ⅱ.①乔… ②孔… Ⅲ.①心理学—通俗读物 Ⅳ.①B84-49

中国版本图书馆CIP数据核字(2022)第004403号

Copyright © 2017 by Giovanni Frazzetto
(** indicates year of first publication)

出 版 人：姚 巍
责任编辑：柯 谐　　　　　封面设计：北京中尚图文化传播有限公司

出版发行：安徽文艺出版社　　www.awpub.com
地　　址：合肥市翡翠路1118号　邮政编码：230071
营 销 部：(0551)63533889
印　　制：三河市中晟雅豪印务有限公司　(0316)3225515

开本：889×1194　1/32　印张：6　字数：150千字
版次：2022年7月第1版
印次：2022年7月第1次印刷
定价：59.00元

(如发现印装质量问题，影响阅读，请与出版社联系调换)
版权所有，侵权必究

序　言

　　这是一本关于亲密关系以及为何我们需要亲密关系的书。书中文字从科学的视角，将人与人之间的各种故事娓娓道来。

　　就如浪花奔向海岸，我们也始终渴求与他人建立关系，这是人类的天性使然。我们可能会有情绪低落的时候，偶尔也想要独自飘荡四方，又或许一时困于风暴之中脱不了身。然而，我们终将寻求归乡的港湾。孤独是死寂，而团聚则是欣欣向荣。我们生活在一个更容易与人隔离、更难与人相伴的世界里。但是，和睦的关系才是我们快乐的沃土。

亲密关系的定义并不是单一的。从一时兴起的拥抱到一生的相伴，从婚姻到背叛，或者在我们见证的种种新生和死亡中，亲密关系总是千变万化，但规律贯穿始终。

我们如此渴求，却也同样畏惧亲密关系。众所周知，我们当中很多人会不遗余力地避免产生这种归属感。

如果从科学的角度看，我们日常生活的琐事中处处都是亲密关系的影子。例如：我们如何通过感官感知世界；与人相处中，我们如何思维和采取行动，我们如何索取和付出，我们如何预测风险并做出决定，我们如何记忆，我们如何产生信任又变得脆弱，我们如何学习……亲密关系不仅是个正儿八经的科学问题，也是真实生活中浓墨重彩的一笔。

在本书中，我们将认识那些在恐惧和欲望的驱动下，进入、经营又逃离亲密关系的各色人物。我们将结识一位纠结于是否寻找伴侣的四十岁单身女性、一个回忆新婚宴尔的丈夫、一对分分合合的冤家夫妇、在情感中艰难游走的都市浪子、在父亲弥留之际绽放光彩的父女亲情以及共同规划未来的挚友。他们的思想、感受和行为都可以用生物学、心理学和神经科学相关知识进行解释。生命的智慧是心理科学和生物科学的总和。

在这些别人的故事中，我们得以揽镜自顾，思考自己是如何建立或毁掉亲密关系的，如何看着一段关系变得淡薄，又是如何学会爱与被爱，与亲密关系一同成长，慢慢靠近彼此。

目 录
contents

相 亲 // 001

闺 // 037

分开还是掠取 // 071

冬日花屋 // 099

魔法师的告别 // 123

我愿意 // 151

鸣 谢 // 182

Chapter One

相
亲

一天伊始，雪意朦胧，河水冰冻。安妮塔的窗外尽是一片灰蒙蒙的景象。

她睁开睡眼，发现自己把头埋在胸口，手臂环抱双膝，如幼儿般蜷伏着，似是要紧紧护好那些既不甚清晰，又无法释怀的梦境。她深呼吸几次，舒展开自己，对昨晚没有因为咳嗽而醒来满怀感恩——这多亏了无所不能的英格给的新草药。

安妮塔愣愣地看着天花板，缓缓地彻底舒展开四肢。她记不清自己睡觉前是不是关好了浴缸的水龙头，于是垂手去触摸地板，等确定并没有水漫金山才又轻轻地打了个哈欠，坐起身来活动活动脖子。

然后,她再次闭上眼睛。

"安妮塔,生活回报了你许多美好,啊,真是祝你情人节快乐呢!"她对自己说,向命运的冰冷捉弄致意。自青春期开始,安妮塔就恨不得自己的生日能从日历上永远消失。她冲着那只昏昏欲睡的肥橘猫咧嘴一笑,说道:"约书亚,早餐呢?端到我床上吧!"

那只肥橘猫并不是约书亚,它叫威士忌。约书亚是她幻想中的男友。

对于这个幻想中的男朋友,她母亲露丝的第一个问题是:"我问你,他是德国人?"

"不。他是美国人。"

"那他也和我们一样?"

"是的,妈妈。"

"乖宝贝,这真是太好了!你俩是认真的吧?什么时候带来让我们见见?他叫什么?可别告诉我他也是个艺术家啊!"

安妮塔是个摄影师,她拍摄那些曾经人来人往,而后日益破败,直到最终废弃的空房子。她在纽约北部出生、长大,在美国中西部念了艺术学校,又去布鲁克林工作了一段时间。后来她一时冲动搬到了德国,因为在家乡并没什么盼头,而柏林市长曾为这座城市贴上"贫穷但性感"的标签。这样的城市对于任何一个无业艺术家而言,几乎是世界上最美好的港湾。现在,安妮塔有着让人歆慕的艺术事业,至少比先前在美国的境况好。她的作品总是能同时在至少两个大洲展览。安妮塔有私人助理，作品销量也稳定，还在英语学院兼职教书。

安妮塔住在一间宽敞到可以当工作室用的Loft公寓里。她会定期收到聚会邀请，有时间去美术馆和博物馆找创作灵感，有钱去旅游，周末去餐厅吃饭，而且时不时就会买个新款包。总而言之，她似乎并没有任何值得苦恼的事情。

然而，即便是安妮塔自己也认为如此，也丝毫不能改变每当夜幕降临，她只能抱着枕头和胖橘猫取暖的境遇。

在这座新的城市里，她遇见了很多人，特别是旅居异国的艺术家们。这对于她的工作而言算是一件好事，但她意识到这些人中并没有一个人可以真正依靠。这种想法就像刚开始健康饮食时的负面反应，让人焦躁不安。

德国首都的冬天异常冷峻且孤独。宽阔的街道寂静又泥泞，面包店的师傅也有些粗鲁，大部分人都是暴躁的样子。哪怕保持乐观，地铁里的乘客估计也要等到4月中旬才会重新挂上微笑。

约书亚出现那天，安妮塔接连经历了三件不开心的事——路上的陌生人没有回应她的问候、约会的男孩并未赴约、露丝问她到底什么时候才能结婚。安妮塔幻想出这个伴侣，来应对父母因她依旧单身而无休止的担忧，也缓解了她的寂寞。她开始构想理想男性的模样。偶尔，当安妮塔是晚宴上唯一形单影只的人时，她就会向陌生人编造出这个虚构的男友。约书亚是个雕塑家，有着和肥橘猫毛色一样的头发，浅褐色的眼睛和高高的个子，手掌大而有力，和他的工作吻合。他冷静且坚定，幽默而又有些笨拙。更重要的是，约书亚是她不离不弃的陪伴，也是她在每天波澜起伏的生活中可以想念的慰藉。安妮塔仅仅需要他提醒自己在电脑前工作许久时休息片刻，让站着吃饭的她到饭桌旁坐下。这个男人愿意聆听她每次对负面情绪的宣泄、每次对退单客户的抱怨，也可以提醒她房子虽然可能着火，但是概率极低，而过度焦虑会让人容颜暗淡。当安妮塔随着20世纪80年代的歌曲翩翩起舞时，他会甜笑着为她拍照。他也会为了做点煎饼在周六把厨房弄得乱糟糟的，还会为她烤制生日蛋糕。他和她很合拍，安妮塔可以因为一时兴起就订好去非洲或是巴西的机票说走就走。最重要的是，安妮塔需要——用她的话说——"一个能告诉她一切都会好起来"的男人。这是安妮塔在观念上一个奇特的转变。自她16岁左右起，多年以来，她并不希望任何人，不论是父母、朋友还是男朋友在她耳边多嘴。而当安妮塔步入40岁后，她开始厌倦自己做决定，就算是很小的事情也要花费她许久的工夫，做每个决定都像面临生死抉择。安妮塔认为，即便约书亚只是个虚幻的男友，他也能分担自己一半的忧愁。

安妮塔伸手拿起笔和笔记本，然后张开四肢躺在厚厚的羊毛地毯上。她写下"孤独致命"四个字，工工整整的，如同印刷体一般。她顿了一下，又猛然把最后一包香烟捏作一团。这四个大字真是适合印在T恤上吐露心声。穿着它去参加聚会或上街走走，没准能吸引到孤单的同类，展开一段故事。

孤独是全世界的流行病。根据1985年到2004年间的数据可以得出结论，至少在美国，缺少知心密友的人数差不多是从前的三倍。而大西洋对面的情况也不容乐观。英国几乎是全欧洲最孤独的国度。安妮塔笔记本上的"孤独致命"四个大字并不是玩笑。孤独就像吸烟、肥胖、缺乏运动以及空气污染一样可能导致早死。它会损害我们的机体功能，改变我们对世界的认知，影响我们与外界的交流。孤独也会引发睡眠问题和机体疲劳，滋生焦虑、压力和抑郁，引发高血压、心血管疾病、细胞炎症以及免疫力下降。孤独还可能造成认知障碍，严重情况下导致痴呆症。

安妮塔正是处于孤独带来的重压之下，因此胸腔有持续不断的压迫感，并且长久以来深受胃灼热的困扰。她的临床病征还包括哮喘，或更准确地说是假性哮喘，其症状是过度换气、咳嗽以及偶尔喘不上气。

我们的思维和身体共同参与和外界的交流。大脑和身体密不可分，它们作为一个整体存在于这个世界，共同参与所有的环境感知、信息分享和决策反应。人生的起落变迁以及我们随之做出的决策，都将对我们的身心产生巨大影响，改变我们各器官、组织乃至细胞的功能。

英格已然警告过安妮塔，她说："你可一定要照顾好自己的副交感神经系统！"交感神经在我们需要应对危险或紧急事件时会兴奋起来，而副交感神经则是在我们处于放松状态下才能正常工作。副交感神经系统用于处理那些不需要我们过多关注的事务，比如心脏跳动、呼吸和食物消化。如果我们压力过大，就会一直处于警觉状态中。我们的副交感神经十分厌恶这种紧张状态。因为这不仅仅意味着我们无法放松，也意味着我们机体的一些基本运作会出差错。举个例子，我们的胃排酸会变得不正常。

安妮塔胸痛和气喘的成因不是单纯的饮食问题，这些身体问题是安妮塔在心理上深陷孤独而不得解脱导致的。迷走神经是副交感神经系统的重要组成部分，它是一根很长的神经，起始于颅底，穿过胸腔一路往下直至会阴处。这根神经对社交活动十分敏感。迷走神经有诸多功能，其中一项就是控制肠胃规律蠕动。若是迷走神经出了差错，胃酸分泌就会出现问题。胃酸分泌过多，倒流上食道，就会腐蚀人体细胞组织。局部神经末梢一旦感受到酸液腐蚀，就会误以为是氧气不足并且释放错误信号。于是大脑就会让我们加快呼吸，摄入更多氧气。接着，我们会感到头晕烦躁。这些症状又会让我们更加紧张焦虑，形成不断恶化的怪圈。安妮塔就困于其中不得挣脱。英格为安妮塔针灸、推拿，也老生常谈地劝告她要多运动，她气喘的原因并不是过于劳累，相反是因为懒散不动。安妮塔也听话地开始慢跑，边跑边想厄玛·勃姆柏克（Erma Bombeck）的名句："我愿意慢跑的唯一理由是，我终于可以再次听见自己的粗喘声了。"

　　还是那个情人节的早上。恍然间，安妮塔余光瞥见一个男人在街道对面的屋顶上健步如飞，是三角形的尖塔房顶。有一瞬间她还以为那是一只大猫呢。安妮塔拿出手机，刚开机就传来嗡嗡的信息声。那是她妈妈发来的一封邮件，上面写着：

惊喜！我们已经在机场了。去布拉格的飞机下午一点会降落在柏林。生日快乐，我的宝贝。等不及见你和你的约书亚！

妈妈和爸爸

天啊，安妮塔这下可麻烦了。她得找个好点的理由，要不就要露馅儿了。

在编造出约书亚之前，安妮塔的爱情生活一直就是露西的心病。好像安妮塔必须成了家，自己作为母亲的任务才算完成。露西将这个最小的女儿视作最珍贵的掌上明珠，她总是心怀担忧地想念远离故土、独在异国的安妮塔。她甚至天真地幻想，假如安妮塔从未离开家乡，那该是怎样的情景。"如果安妮塔还在家里，那她一定都已经结婚了。"露西会罗列一张清单，上面都是从同事、亲友、邻居和教会朋友那里打听来的适婚男子。

安妮塔恋爱成婚的压力十分大。

露西第一次见到丈夫史蒂夫是在犹太教新年晚宴上，但史蒂夫早已在布鲁克林的街头远远地端详过露西了。对于犹太教众而言，选择犹太教众以外的人成婚是不可行的。结婚那年，露西刚刚高中毕业，依旧涉世未深，整个家族都墨守成规，与另一个大家族联姻。露西的婚姻算不上是包办婚姻，但也经过了双方父母的同意，符合犹太教的传统。

安妮塔惧怕与父辈间的比较。她担心家庭聚会不可避免地变成包括安妮塔父母在内的上一代人讲大道理的场合，这些老论调细品起来颇有点恶毒的意味："为什么像你这样的人会嫁不出去？我们的珍宝安妮塔聪明漂亮、有文化、善解人意又有工作，特别是还有良好的家庭背景，到底是什么缘由让男士望而却步呢？"

安妮塔心想，这多么恼人啊，真是一群愚钝到往年轻女士伤口上撒盐的好亲戚。他们在言谈中不仅将单身视作失败，也对当下的恋爱观视而不见，毫不考虑当下寻求伴侣需要付出什么。现如今，在柏林或纽约这样的都市生活与父辈年轻那会儿在布鲁克林那样的都市生活可不一样。

"我像你这么大的时候，不仅已经结婚了……"露西总会这么念叨，安妮塔不等妈妈说完就会自动补完下面的话："有了一栋房子，生了你和你哥哥，还养了一只狗呢！"

安妮塔也厌倦独自一人，但她也清楚地认识到独身是她的社会圈子里的常态。虽然安妮塔倒不会因此看轻自己，但对她而言结婚的确是一个遥远又不切实际的目标。安妮塔的家人却认为，她只是晚了一步而已。安妮塔和其父辈两代人的已婚人口比例差距甚大。20世纪50年代，也就是露西和史蒂夫结婚的年代，毫无疑问是婚礼的黄金时代。那个年代，平均算来，女性初婚年龄为20.5岁，男性为24岁。2010年初婚的中值年龄上涨至女性约27岁，男性约29岁，是近百年来的最高值。而到35岁从未结过婚的人口比例也很高，分别为男性14%和女性11%。

当安妮塔聊到性吸引之类的话题，提到诸如"性感"和"幻想"的字眼在她的择偶标准中所占分量时，露西总是对她说："你是不是觉得你爸对于我并没有什么吸引力？我从所有对我感兴趣的未婚男性中选了一个最好的人。也许这只是个错误，但你看看我们现在不是挺好的？我俩除了相互依靠之外别无选择。我当时也不知道自己是不是准备好了，一切就如顺水推舟。我认为这就是我的命，或许我是幸运的。"

将爱情和婚姻归结为奇妙的命运是件简单的事情。同时，我们又希望能够打破命运的枷锁，将人生打造成自己认可、足以安放我们诸多梦想的样子。但人类的天性总是试图压抑内心对不确定事物的渴求和呐喊。我们喜欢预测事情的开始和结束，约束未来，熄灭自己对终极答案的渴求，甚至在应对情感问题的时候，也认为按照一定策略达到预期结果就够了。

安妮塔经常盯着公园里、聚会上或咖啡馆里，甚至是超市里的情侣，看他们拿着花花草草逗弄对方，闭着眼亲吻，或是一起核对购物清单。

那些情侣身上有什么是安妮塔没有的呢？他们为什么就能彼此产生联结？他们是有伴的，而自己是单身。这样简单的事实让安妮塔认为自己低人一等。她看着他们，就像他们藏匿着某些深奥的亲密关系要诀。这时候，安妮塔往往忘记了她其实也认识很多天天吵架又互相不理解的怨侣。安妮塔总是通过观察情侣，研究自己恋爱失败的原因。她总是在思考，这些情侣身上究竟有哪些品质或特点让他们能够成功建立恋爱关系。是温柔，还是两人间有什么秘而不宣的约定呢？是不是善良？是不是直率、尊重、独立，或是前一晚美好的回忆？通常而言，经过这一系列的暗中观察后，安妮塔总是得出结论："唉，我就是不会爱而已。"

但是，安妮塔很快就会否定这个判断，得出完全相反的答案："这真是荒谬。我怎么会不懂如何去爱？"

就这样，安妮塔放任自己像钟摆一样左右横跳。她的自尊就像摆锤，从一个极端摆向另一个极端，从希望摆向放弃。

安妮塔也好奇且担忧另外一些事：如若自己已然有了伴侣，那么这能帮她赢得多少时间？她认为有伴的人不用耗费精力担忧独身，这让他们能更好地把时间花在生活的其他方面。单身就像悬在头顶的剑一般让人发愁。安妮塔十分羡慕不用为此发愁的人生，她同样也担忧独身会影响到她的事业。其他人是不是能从自己的脸上读到孤独的字眼呢？顾客是不是因此才不买她的画作？是不是也是因此，她才没得到某份订单？自己的孤独是不是会将其他人吓跑？

孤独让人思维混乱。它让我们透过一个充满欺骗的滤镜看自己、看他人和世界。孤独让我们在被拒绝时显得更加脆弱，也让我们异于常人地警觉，在社交中处于不安的状态。

过于孤独将影响我们鉴别、理解和表达情感的能力。如果把我们的快乐、恐惧、愤怒和悲伤四大基本情感比作图画，相较不孤独的人而言，孤独的人更不擅长描述这幅画面的景象。越孤独的人越无法清晰地分辨各种图画之间的区别。孤独的我们也很难拥有正面的记忆。我们脑海中总是浮现负面的事物，而不是美好的回忆。我们也更容易感到焦虑，更加悲观。

利用大脑造影技术，我们可以研究孤独的人和不孤独的人在看见社交情景和非社交情景下特定的事物和人物图片时，大脑反应的不同之处。诸如当展示一个遛狗的男子这种愉快的人物图片时，不孤独的人的大脑奖励中枢会表现得更活跃。而孤独的人则不会有同样的大脑反应，他们只在看见像钱币或火箭升空这种更愉悦的事物图片时，大脑奖励中枢才会有活跃的表现。这就表明了，孤独的人对愉悦的社交比较麻木，不能很好地应对或享受社交的快乐。而在展示负面情绪的人物图片时，两组人员的结果却颠倒过来。比如在展示一个人挨打的图片时，相较不孤独的人，孤独的人更加关注这类图片，因为他们的视觉皮质层更加活跃。但与此同时，孤独的人却表现出较少的同理心，因为他们的大脑管控感受他人情绪和想法的区域不那么活跃。此项研究的研究员认为，人如果对社交愉悦麻木，又对威胁过度警惕的话，会导致更加强烈的孤独感。孤独本身是会加剧孤独的，这个是恶性循环。独身最大的特点在于，一个人独身的时间越长就越难抗拒它。

文字记录、长年的心理分析、瑜伽、女性文学、诗歌、中医针灸、交流互助会、女性杂志、格林贝格法（Grinberg Method）[1]以及英格的草药，可以说安妮塔为了恋爱，把所有能尝试的方法都试了个遍。她每天都看水瓶座的占星，还曾求助占星师。占星师告诉她，她44

---

[1] 20世纪80年代早期出现的，通过加强人对自己身体的掌控以及对环境的认知，达到自我修复和提升幸福感的目的。

岁的时候将迎来爱情，白马王子是个外国人。他们将顺利成婚，还会有一个孩子，他们将白头到老。安妮塔一听，毫不犹豫地将预测结果发给了妈妈露西。

社会学家伊娃·易洛斯（Eva Illouz）运用市场经济学的知识做了个精彩绝伦的分析，来解释为何当今社会人们在挑选伴侣上会出现如此巨大的变化。总结来说，她认为恋爱选择和伴侣选择的整体新生态意识已然蔓延到约会和相亲的舞台了。更加自主的网络约会软件等带来的更多选择，促使我们改变寻求和判断合适伴侣的方法。选择越多，我们越不会只守着一棵树。五彩斑斓的舞台反而让人的吸引力降低了。我们有了过多的选择权，所以更难去欣赏每个可选择的对象的价值。换句话说，当选择少的时候，每个候选者就更容易彰显出个人魅力，我们也更容易产生喜爱的心理。

这种选择越丰富效果越不好的尴尬在一项关于食品超市的研究中显露无遗。研究员摆放出多款高级果酱和试吃品供顾客挑选。他们给第一组供应了6种果酱，给第二组供应了24种果酱。最后，可选品种多的实验组吸引来了更多的顾客，但两组顾客试吃的果酱数量是相同的。研究员为了鼓励顾客购买心仪的果酱，决定提供1美元的优惠券。这时，两组顾客的表现大相径庭：选择少的一组顾客中有30%购买了果酱，而有24种选择的顾客中仅有3%最终付钱购买。

由果酱实验可以引申出，过多的选择会让我们在寻求伴侣时更难做出承诺。

法国文学家、数学家布莱士·帕斯卡（Blaise Pascal）曾写下这么一句话："思路清晰，爱得清醒，这就是为何伟大而清晰的大脑爱得深沉，也清楚地知道什么是爱。"这句话很有趣。如果仅凭对比好处和坏处、强项和弱项，我们就能理智地改变自己的倾向，将混乱变为有序，这会有多便利。然而，理性或者说过度的计算，对于我们人生的某些方面而言弊大于利。

我们不能通过分析预测自己的感觉。同样，我们也不能预见恋爱的结果。影响我们做出决定的各种因素中，总有一些在理性的逻辑中会完全藏匿踪迹。也就是说，理性地讲道理可能会扼杀感情，让人隐藏自己的真实意图，继而做出糟糕的决定。

露西说过："我不知道自己准备好了没有。"她只是随心而动。她和丈夫史蒂夫邂逅时的社会环境和现在不同，但他们的婚姻仍旧维持下来了。心理学对人与人之间关系的研究表明，双方最初的满意度，不论是充满希望还是希望渺茫，只要不是过度分析思考得出的，那么初始满意度就经得起时间的考验，将与最终结果吻合。让两组情侣评价两人的关系，第一组情侣仅凭自身感受不假思索地回答，而第二组情侣则需要列出原因说明为什么看好或者不看好这段关系。数月后，两人关系的实际走向和第一组靠直觉预测的吻合度，远高于和第二组经过深思熟虑的吻合度。

安妮塔释放出单身的信息，别人没兴趣来当她的情侣。她自己在面对选择时也有选择困难症。所有追求她的人以及露西介绍的相亲对象全都不是对的人。她既是选择过剩的受害者，又是选择过剩的加害者。安妮塔那些已经结婚的闺密都劝她，看男人不能太挑剔。她们言语之间认为，安妮塔的情况已经十分绝望了，她该去路口等着，看见一个小伙就跟他走得了。有趣的是，研究显示，通常来说至少在诸如体重、身高和体型等外形要求上，人们理想中的伴侣与他们实际的伴侣相差甚大。这样的差距在女性中尤为显著，她们认为伴侣的外形条件并没有社会地位和经济条件之类来得重要。

很多人都在抱怨自己形单影只,但并没有做出任何改变,或者因为不想妥协而继续回避寻求伴侣的问题。然而,那些无法做出任何选择的人最觉得悲惨。相反,那些或许没能得到最心仪的伴侣,但还是做出选择的人会觉得更加快乐和满足。和某人确定关系可能听上去有些可怕,因为这将使你丧失其他机会,但是这么做将最终让你健康而充实。

父母告诉安妮塔寻找另一半是多么重要的事情。她有些不耐烦这些说教,其中一部分原因是她能意识到自己的父母是正确的,只是很难说服自己承认这个事实。我们有伴之后就能逃离孤单,仅这一点就是无法替代的好处。事实上，与信任的人建立有意义的关系，而不是局限于泛泛之交或虚拟世界的联系，更有利于身体健康（比稳定关系可能带来的财富和良好的经济条件更有利）。

所有动物都对被抛弃十分敏感，也需要亲密感。有社交活动的果蝇寿命较长。将新生的小鼠与母鼠隔离，小鼠将面临巨大压力，并持续发出尖锐的抗议声，直到返回母鼠身边。如果继续保持与母鼠分离，小鼠的生理系统将遭受一系列损伤，影响小鼠发育，导致行为异常。

由此可见，肢体接触十分重要。缺乏肢体接触，我们就会渴求碰触。20世纪50年代，美国威斯康星大学麦迪逊分校的科学家哈利·哈洛（Harry Harlow）在一组开创性实验中得出结论：在动物（包括人类）生长发育过程中，肢体接触甚至比营养物质更加重要。哈洛将新生幼猴与母猴分离，给幼猴们提供了两种形式的母猴替身，一种是仅用金属网线制作的框架，另一种在金属框架上覆盖了柔软的布料。虽然两种母猴替身都会用奶瓶提供牛奶，但幼猴总是紧贴拥抱着有柔软布料的替身。在随后一组实验中，哈洛希望测试幼猴在焦虑时的反应。为了恐吓幼猴，哈洛放入可以击鼓的电动泰迪熊。幼猴受到惊吓后，不管它们是从哪个母猴替身上获取奶汁，都会直奔覆盖布料的那个，与之紧紧相依，以此来应对压力，保持平静。

对于人类而言，肢体接触是一种安慰剂，在一生中都有益于身体健康。在摄入等量食物的新生儿中，在日间经常得到抚摸的幼儿比缺少抚摸的幼儿发育速度快了近50%，且表现出较好的行为习惯。拥抱能降低血压，增强免疫系统能力。研究表明，在轻微电击危险中的女性如果握住丈夫的手，则能减轻不适感。经常接受按摩的中老年人身体较为健康（比如较少地需要医院治疗），如果他们有机会为婴儿按摩，则健康状况更佳。

我们现如今身处肢体接触缺乏的社会，但是我们都需要身体接触。荒诞的是，对于安妮塔和她的单身朋友而言，当终于有人出现，极尽温柔地拥抱她们时，她们需要先卸下自己身上厚厚的、名为孤独的保护壳。纽约、东京等许多大都市都出现了拥抱贩卖商店。这种现象就是应对我们社会肢体接触匮乏的应激反应，我们已然觉察到持续的接触缺乏导致的恶果。我们应当学习如何建立亲密关系。

近期，一组研究小鼠大脑神经元功能的实验，证明了社交行为的确扮演着至关重要的角色。当老鼠处于绝对孤立的状态时，鼠脑中的一组神经元将加强自身突触间连接，就像意识到自己正处于突发的艰难状况中并对此提出抗议。当孤立的老鼠重回鼠群时，同组神经元在重建社交联系中表现最为活跃。该老鼠将比其他未遭受隔离的老鼠表现得更加热爱社交。这很有趣，当孤立的老鼠有机会激活这组神经元时，它们只在得知自己将回到鼠群时才会这么做。这就意味着，老鼠独处时，激活这组神经元将释放出它们自己厌恶的孤独感（不适感）。这组神经元对孤独十分敏感，但也帮助老鼠从孤独感中恢复。这个细微但重要的发现证实了，从我们的行为反应变化到大脑活动变化，从如迷走神经这样的单个神经的健康到某些特定神经元的反应，甚至到我们整个机体和大脑，都在群体社会框架下精妙地运行着，且十分脆弱，易受影响。

虽然我们明白亲密关系能像魔术一般提升我们的生活质量，但是在当今社会，人与人之间关系的建立似乎存在普遍而严重的问题。我们无法满足自己天性中对交流的渴求，这对于人类而言无疑是个令人沮丧的事实。

不论一段关系是否有着光明的未来，即使是短期关系带来的踏实感也能改善安妮塔的心理、生理问题。如果缺少亲密关系带来的肢体接触和情感联系,安妮塔的各种症状会不断复发。

如何处理约书亚的问题?

露西和史蒂夫很快就会到来,留给安妮塔思考的时间不多了。到底是向父母承认自己孤身一人,约书亚是个编造出来的谎言,还是继续这个谎言呢?安妮塔有些两难,也对自己编造的故事感到羞耻。一方面,她很想向父母坦诚,希望他们不会责怪而是理解、安慰自己;另一方面,她又觉得继续这个谎言也许会让自己更轻松一点。但是虚幻的东西又能维持多久呢?不论怎样,安妮塔仍旧孤单一人。那个偶尔在她的自拍里出镜,假装是约书亚的朋友出城去了。这也算件好事吧，如果他方便过来，谁知道他会不会露出马脚？安妮塔也想过要不要告诉父母她和约书亚不久前分手了。但这么一来，又要解释为什么分手，怎么分手的，具体什么时候分手的，还要考虑自己对待分手究竟应该开心还是伤心。这又需要更多的解释、更戏剧化的表演，还有更多的谎言。

露西和史蒂夫在饭店坐着，看见安妮塔自己一个人来了。他们还什么都没来得及问呢，就听安妮塔说道："约书亚出城去工作了，他今天来不了。"

"啊，是吗？可是今天是你的生日啊。"露西说。

"是的，他有个展览。"

"那我们能不能打个电话？我想和他说几句。"

这时，史蒂夫在桌子下小心翼翼地碰了碰露西的腿，说："安妮塔，亲爱的，你啥时候给我们介绍约书亚都行。我们先好好吃顿饭吧，我们想你了。"

在回宾馆的路上，露西问史蒂夫："我觉得咱们可能见不到约书亚了，起码是她说过的这个，是不是？"

"嗯，我也觉得。但我们得让她觉得我们没发现，在她找到真的男朋友之前可不能露馅儿。"

"唉，我的宝贝啊！"

安妮塔回到公寓，爬上床，愣愣地看向窗外。朦胧的地平线在远方，新的一年就要来临。花时间在虚幻的男友身上不过是浪费，也是逃避现实生活。安妮塔最大的问题在于，她总是执迷于算计和控制自己的爱情故事，不理解也不会处理任何不确定性。她应该抛却幻想，不能总是固执地去寻求或是编造一个完美伴侣。相反，她应该努力准备好接受恋爱。当然，这么做并不见得有助于很快出现一个恋爱对象，但至少她不会再如此脆弱和失望。

如果我们总是无法得到自己渴求的事物，我们就会变得不再自信。我们会开始焦虑，担心自己的愿望永远不会实现。而当感到不安时，我们就更容易丧失希望。应对控制之外的事物的最好方法就是保持开明的态度和清醒的头脑，但不要过多地关注。这不是鼓励你去相信命运，或是干脆宁"滥"毋"缺"，而是说我们或许应该接受一些意料之外的选择。这样的意料之外常常就在不远处。

这样一来，我们就能重新将注意力集中在当下，把精力用在让自己变得更加强大和快乐上。我们的优先顺序也会变得更加合理。安妮塔依旧可以将艺术作为自己的依靠,而约书亚也会被朋友、旅行和其他日常生活中的乐趣所替代。还有胖橘猫,它哪也不去,只留在她身边。

也许,亲密关系的开始和终止总是在于我们自己。

Chapter Two

闽

旧年的最后一天,下午晚些时候,艾登出门给妻子卡丽买紫罗兰花。这是他们结婚35周年纪念日,或者也可以说是第21秒纪念日,这取决于你怎么计算。这21秒意味着,每到时间需要加上1闰秒的日子时他们就纪念一次爱情。在1973年12月的最后一天夜里,1闰秒便与这对爱人永恒相伴。

自从那一天起,岁月便一直善待两人。每当艾登想起他的爱情故事的开端时,他都不禁感慨自己的幸运。他到第一次为妻子买花的那个花摊挑选花束,又漫步在从年少走到年老的那条路上。如今,他走得越发缓慢,也越发从容。两人每周日都会光顾的烧烤店依旧在老地方,卡丽每月去买一次彩票的书报店也丝毫没有改变。不过,以前常去的电影院早已不见了踪影。

回忆涌上心头，他对卡丽的爱意历久弥香、越发浓厚。

两人的相遇还得感谢一次意外的绕路。艾登曾是伦敦考文特花园的会计。一天傍晚下班，他从办公室往家走的时候被道路维修挡住了去路。"该死，真是没完没了！"他低声抱怨道。那天早上，艾登才去过医院，医生用细长的器具从他喉咙深处取下微量的组织样本做检查。

"做了这个检查，我以后还能吃东西吗，医生？"

"可能会大幅度改变你的饮食习惯。"医生这么回答道。

因为修路，艾登只能绕到下一个街区。他需要穿过热闹的街道，还得走过一个停车场。但他突然福至心灵，如果从那家旧书店的正门进去，再从后门出来，就能节约好几分钟时间。艾登从来不是一个喜欢读书的人，之前就进过一两次书店，通常是为了躲雨，或是看看贴在墙上的大幅地图，又或是翻一翻漫画书。但是那个傍晚，艾登走进书店时发现，在柜台和诗文书架之间站着一位身着长裙、绿眼红唇、如天鹅般优雅的人。她就是卡丽。

"我的天……道路维修真是太棒了。我决定现在开始爱上读书！"艾登心想。而他也真的做到了，去旧书店看书成为他每天最为期待的事情。每个工作日下午5点到7点左右，艾登一下班就会带着希望来到书店。他第二次见到卡丽的时候，很自然地上前问了对方的名字。他开始假装很喜欢诗集，总是询问一些诗人的生平逸事。卡丽也假装自己对他的意图一无所知。

如果艾登在书店里没有看见卡丽，就会留下来等待，闲翻几本书来看。有时候，卡丽会躲在书架后面，看看艾登会等多长时间。

"啊，我有个提议。"两人在书店里交谈了快一个月时，艾登说道。

"什么？"

"如果明天我们又在这里遇到了，就去找个地方喝几杯。"

"好呀！"

第二天，卡丽一整天都守在柜台前，片刻没有离开，甚至连厕所都没去一趟。那时正是夏天，艾登终于出现的时候，手里拿着两个甜筒冰激凌，身后滴下一串甜腻的痕迹。

艾登回忆着，心想时间真是有趣。之后，他俩抚养了一个孩子，贷款买了两栋房子，经历了病痛，开起了自己的书店，有过几次激烈的争吵。但是总体来看，还是一片欢声笑语。如今两人临近退休仍旧在一起。每当有人问起婚姻的秘诀之时，他们也不能很好地提炼出什么缘由。

走在熟悉的道路上，还是原先的那个位置又开始进行道路施工了。这一次的规模更大，但艾登能更加宽容地对待。整个地面都被敲碎，碎裂的水泥和石子儿满地滚动。施工队用了好几周时间，将地面一层层地挖开，每个角落都不放过。铁锤和破路机撬开坚硬的地层，长驱直入深处，暴露出埋在地下的水管。水管开裂了，不断迸发出水柱，需要更换。

今天也是两人的21秒纪念日，新的1闰秒就要在午夜时分与两人融合。这像是来自过去的纪念，也像是偷取了未来的光阴。艾登还记得那年的报纸上满是专家们对于闰秒的科普讲解,他和卡丽也略带惊奇地热烈谈论过这个话题。加上1闰秒是为了让日常的时间和地球真正的时间相吻合。换句话说,这是为了填平人为定义的时间和更大尺度上星球运行规则的时间之间的差别。我们生活中将一天定义为严格的24小时,即86400秒。然而我们虽并不能真实地察觉到,但是偶然情况下地球自转一周的时间却要更长一点。由地震或其他地质熔体导致的地质摆动和变化可能会导致地球自转速度减慢。月球引力引起的地球洋流潮汐也会阻碍地球自转。为了弥合诸多因素导致的不可预测的自转减慢,科学家们根据情况决定将某一年的时间延长1秒。

两人在1973年共度了第一个闰秒。那一天,艾登结束了漫长的工作,满怀希望地跑去书店,希望能见到卡丽。多年后的今天,卡丽正在家里做纪念日蛋糕。艾登则站在古奇街地铁站前,不能自已地甜蜜地微笑起来。

因为甜蜜就是他21闰秒前的所有记忆。

奥地利诗人莱内·马利亚·里尔克在写给朋友弗里德里希的一封信中,诚挚地分享了对爱情的新见解:"我越发感觉到,几乎没有任何事情比爱上一个人更加困难。爱情就是工作,还是临时工。除了临时工以外,我简直不知道还能用什么词形容。"

与人建立和保持亲密关系的能力并不是不可改变的天赋,而更像一段旅程、一个过程。正如其他技艺一般,亲密的能力也需要在不断的错误和考验中提升。亲密关系意味着制定规则,彩排演练,不断精进沟通的方式。每次我们开始建立一段长期或短期关系时,我们就有了学习如何亲密的机会。不论一段关系维持几个月、几十年还是一辈子,我们需要时间练就亲密的能力。

时间也是探索、开发意识的必要条件。然而，意识和大脑如何计算时间，我们如何在主观上感知宏观的时间，仍旧是未解开的谜题。从19世纪起，大脑计时学就研究了我们记忆中各种事件的时间进程。这项研究主要针对人对于不同认知难度的事件所需要的不同的反应时长。探索关于人际交往和感情产生的时间认知十分重要，相关的科学研究却滞后许久。脑功能磁共振成像（fMRI）技术广泛应用于大脑情感地图的绘制工作。然而，一种情感并不与一个脑区呈现一一对应关系。每一种情感都是由多区域多网络协同产生的。特定的情绪下或许有特定脑区表现得特别活跃，但同时也将激活其他脑区。在这个复杂的网络中，脑区协同所花费的时间就显得十分关键。不仅情感强度是重要的，其时间维度也同样重要。时间维度指的是，我们将花费多少时间来达到或丧失某一程度的某种情感。

我们的感情生活和社交活动在多个时间尺度下展

开。当与人交流时，我们会观测、感知、行动、记忆、模仿、分享和忘却。在交流过程中，我们可能会形成、改变或停止某些习惯。这种变化发生的时间可能是几毫秒、几分钟、几小时、数日、数周，甚至是数月、数年。从神经波动的振荡到神经电流的冲动，从神经化学物质的分泌到呼吸加速，从神经元增殖到基因外显特征，产生亲密感的生理学机制所需要的时间不尽相同。看见或模仿一个面部表情只需要一瞬间。愤怒或愉悦的情绪需要几秒钟达到峰值。我们情感的爬升和消散则需要几分钟。想要改掉某个习惯成自然的癖好可能需要数年时间。我们不禁问自己：究竟需要多久才能了解一个人？

我们都有自己的情绪时间表，这是根据基因排列和个人经历形成的。在伴侣之间，两人的时间表会合并在一起，相互比较、共同调整。一开始的时候，艾登的时间表整体比卡丽的快，他很快就能从争吵中恢复过来。艾登很容易就抛诸脑后的事情，卡丽能好几天连续唠叨着各种小细节。另一方面，卡丽很快就能读懂艾登的情绪，但是艾登有时甚至需要卡丽解释一下某些话或者某些行为的含意。为了解释个人在情绪和时间认知上的差别，研究员开始关注不同人格特征在时间上呈现的差异和细节。比如说，神经敏感型——较难摆脱且更倾向于负面情绪——需要更长的时间从消极事件中恢复过来，大脑参与处理负面事件的杏仁核恢复正常的速度较常人慢。同样的，如果我们在沮丧的时候听见负面言语，杏仁核可能多需要10—15秒钟的时间才能恢复。

那么，建立亲密感需要多长时间呢？这个问题的答案取决于亲密程度和不同个体的实际情况。仅有为数不多的研究采用人工培养的方式建立亲密感。从交换秘密、相互对视、自我剖析到卸下戒备的表情，采用多种手段，再加以时间酝酿，就能对建立和维持亲密感起到积极作用。简单的肢体动作，比如向后倒下跌入对方的怀中就是一个好方法，因为人在感到脆弱的时候更容易建立信任。而脆弱感和信任感都是亲密关系中不可或缺的元素。

在1997年，研究者进行了第一个研究陌生人之间能否产生亲密感的实验。实验分为两组，每组人员两两配对，两组人员都将进行45分钟的交流活动。第一组人员只需要进行闲聊。第二组人员则需要循序渐进地问一些私人问题，旨在增进相互了解，建立亲密感。私人问题涵盖了个人品质、理想、抱负、价值观、秘密、尴尬的往事以及与家人的关系。比如说："你最开心的事情是什么？""上一次在别人面前哭泣是因为什么？"交流结束后，研究员在测量每组人员间的亲密程度时发现，交流更多私人信息的组员之间亲密程度更高。之后又进行了类似的实验，比如让参试人员假装他们正在恋爱。正如第一个实验中参试人员相互分享隐私和秘密一样，这种角色扮演的实验思路是，大脑对情绪的模拟可以产生实际的效果。研究员以看手相为借口，鼓励参试人员触碰彼此的掌心，或者专注地对视，看彼此的眼睛。对视比看整张脸更能让人产生互联的感觉。最后，45%的参试人员表示愿意继续和对方见面交流。

另一项实验旨在研究，根据第一眼判断是否可能恋爱的相关脑神经。研究结果显示，控制喜爱和判断的脑区位于前额皮质背侧部的两个截然不同的区域，一个是评估外表吸引力的区域，另一个是处理心理兼容性的区域。

虽然实验设计的一场5分钟或1小时的交流能够建立一定程度的亲密感，但这种亲密感不能与长时间相处彼此深入了解后建立的忠诚和依靠感相比较。已有实验在亲密关系中测试一些能够增进伴侣间的亲密感、确认感的技巧。比如包办婚姻中的关系并不是以热烈的爱情为开端，但相互理解、相互适应和相互承诺可以培养夫妻双方的亲密感。

艾登手捧着一大束紫罗兰，在路口向右去往儿子安东工作的医院。安东自打从白血病的魔爪中成功逃生后，就立志要当一名儿科医生。艾登和卡丽从基辅的一家孤儿院里接安东回家时，他才出生没多久。在安东患病期间，艾登和卡丽面临着人生中最为艰难的决定。那时两人年龄也不大，医生的诊断让两人不得不逼迫自己快速成长，集合起所有的智慧共渡难关。他们感到脆弱无比，却又觉得坚不可摧。当医生给出乐观的预后时，两人不禁热泪盈眶，未来又充满了光芒。在那次生活的考验之后，他们又经历了无数的决策时刻，但是没有任何挑战能够困住两人。危机拥有一种魔力，让人们更加紧密地联合起来。慷慨的奉献亦有这样的魔力。

两人的关系越发坚固。正如其他品质一样，亲密感也在循序渐进地发展，通过行为变化得以表达，行为变化引起生理改变，生理改变又持续加深亲密感。相爱的两人会罹患一种快乐的病症——胃部的搅动感。其强烈程度随长期亲密关系中的满足感和信任感的变化而变化。几十年来的研究都在探索，人体在爱情不同阶段分泌的驱动因子是否有所不同。虽然人体在每个时期分泌的激素并不是绝对的，但有数据显示，神经传递素多巴胺在盲目而热烈的恋爱初期扮演主要角色，催产素和加压素则是在长期稳定关系中保持较高丰度。值得注意的是：并没有任何一种激素能够引发某种特定感情、情绪或倾向，更别说恋爱方式。我们对于亲密关系的感觉和定位，是由身体和大脑的各种行为以及激素的一系列叠加所产生的。我们心态的细微改变，都伴随着不计其数的机体行为和大脑激素变化。

众所周知，多巴胺是唤起欲望的强效针剂，能带来刺激感和强烈动机。分泌多巴胺的奖励中枢是我们脑内古老而重要的功能区。从蜜蜂到大象，很多生物都有奖励中枢，因此生物体能够体验到愉悦感，并且能预知什么行为可以换来愉悦感，比如食物和性爱。催产素和加压素虽然分泌量少，但在诸多社会行为中都能起到作用。它们在脑内循环，通过血液流通到人体各器官，如心脏、大小肠，以及女性的子宫和男性的睾丸。催产素这个词源自希腊语，字面上的原意就是"突然分娩"。在生产过程中和哺乳期中的母亲会分泌大量催产素，加强亲子情感纽带。催产素可以帮助缓解压力和焦虑，增进信任感，增强关系纽带。

我们对这两种激素在伴侣间的作用机制的了解，大多来源于针对两种鼠类——山地田鼠和草原田鼠的研究和观察。山地田鼠惯于滥交，而草原田鼠则是一夫一妻制。草原田鼠脑内大量的催产素和加压素受体是其忠贞不贰的原因。更多的催产素让母鼠与伴侣紧紧相依。公鼠脑内的加压素使其对伴侣更具占有欲，对领土和后代更具保护欲。

我们不能说多巴胺或催产素、加压素就是热烈情爱和忠贞不渝的唯一决定因素。多巴胺并不局限于激发恋爱初期的欲望，在我们发现新奇事物时，在我们结婚35周年后也会分泌——比如说，在机场等待老伴的到来。催产素和加压素在恋爱初期也会分泌。一项研究表明，恋爱数月的伴侣血液里含有大量催产素，甚至比新晋父母体内的含量还高。恋爱六个月后情侣体内催产素含量仍旧居高不下，并且会稳定在某个值。催产素的初始值越高，伴侣间越和谐。有证据表明，催产素和加压素与人的诸多行为特征相关，比如信任感、同理心、慷慨包容以及关系进展到成熟阶段后极为重要的理解沟通。举个例子，异性恋伴侣如果在谈论尖锐问题如经济问题或自由时间问题之前摄入催产素，则两人在商讨过程中会更多地选择对视，持有开放包容的态度，而非对抗、指责或者嘲讽。在商讨结束后，两人体内的压力指示剂——皮质醇含量也将下降。

十分有趣的是，亲密关系的初期和成熟期存在一项神经激素的明显波动，而这种激素会影响我们对于时间的观感和感知。

我们的体内时钟是根据经历和记忆建立的，帮助我们预测和评估时间流逝的速度。正如我们身体的很多器官一样，我们的时间感知能力也随年龄增长而减弱。特别明显的现象就是，在年长后我们会主观地压缩时间。也就是说，给定一段长度的时间，我们会觉得它比真实的更短。一项简单而精巧的实验向我们展示出，年龄增长与体内时钟精确度降低之间的关联。让不同年龄的参试者（20岁至60岁左右）在不借助钟表的情况下默数3分钟，然后告诉研究员时间到了。年轻人都能比较精确地感知时间，平均仅有3秒的误差。而年老的人则不能正确感知时间。60岁左右的参试者通常在3分40秒后才认为3分钟到了。这项实验说明，年长者的内部时钟似乎比真实的时钟更慢。

现在越来越多的证据表明，这种感知的变化是多巴胺机制功能衰退导致的。多巴胺的新陈代谢影响着我们体内时钟的快慢。如果抑制了多巴胺系统，那么我们对时间的感知就会变得混乱。

当我们还是深陷热恋的少年时，我们总说："我想永远和你在一起。"当年岁渐长，时间加快了步调时，我们开始发觉原来永远也不是那么远。年老后，相伴一生看上去也像是一瞬间的事。我们不再说永远，而更可能会说："你我的初见仿佛就在昨天。"对于艾登和卡丽而言，他们的初见就在21闰秒之前。

俗话说得好，观其友见其人。

在与一个人不断地相处中，与他分享回忆、经历生活,我们适应他的处事方法,有时出于包容或妥协,还会适应他的想法、观点和世界观。两人在身体和思维上都不可避免地相互交换、影响,日积月累,在彼此身上打下自己的烙印。两人的心跳会不断趋近,呼吸节奏也会变得相似。面部表情会如照镜子一般。姿态也会相互模仿。走路的步调也会统一。总而言之,两人的行为举止会同步,思想思维会协调。

艾登偶尔的焦躁在卡丽从容镇定的态度中逐渐缓和。多年之后,艾登也渐渐学会欣赏静坐读书的愉悦。与之对应,卡丽糟糕的理财观在艾登的言传身教中慢慢改进。两人一起拉扯大了安东,他们学会了交流教育观念,在孩子面前形成统一的观点和态度。不论是应该夸奖还是责备安东,两人都能统一步伐。

从宏观上讲,协调同步催生出情感羁绊。一项实验中,在反应游戏里响应更为同步的一对参试者能感到更深的相互联系。在游戏中,一组人需要按照给定频率敲击键盘。他们各自的搭档则需要在对方敲击下一个按键前敲击自己的键盘。在这种此起彼伏的节奏中会发生错误和失误,而每对参试者会逐渐熟练,并通过音律达到和谐的交流。游戏结束后,研究员会询问每对参试者一些问题。比如说,你觉得和你的搭档亲密吗?你很相信你的搭档吗?你是否愿意再次与他(她)合作?结果显示,游戏中配合更为和谐的参试者表现出更加明显的亲密感。

情绪交流对搭建两人关系起到积极作用,并且能够传递自己对世界的感知。有一组实验就是研究人们在观看富有情绪的影片时,大脑所表现出的相似性。艾登和卡丽很爱一起看电影,享受那种共同分享激动、恐惧和柔情的时刻。两人约定,如果条件允许每两周就去看一场电影,他们从未错过哪怕一次新电影上映。通常来讲,每年的第一天是他们的电影日。有研究表明,共同观看时长30分钟的塞尔吉奥·里昂的西部电影《黄金三镖客》的剪辑片，可以让大脑活动同步。不光我们控制声音和视觉的大脑区域，处理情感和想象力的脑区也会同步。通常我们认为，任何意见交流都会使控制声音和视觉的脑区互相协调。电影中出现枪战、爆炸或剧情反转等激动人心的场面时，所有观影人大脑皮质各部分的活跃度都会同时出现明显波动。更让人惊讶的事实是，如果将影片按不同内容剪辑拆分成数个片段，那么大脑区域的活跃度同步性则更为明显。比如说，当观看人脸、建筑或手部动作的画面时，我们大脑主管这些内容的区域活跃度会显得更加同步。在另一项类似的实验中，参试者观看《绝望主妇》的节选片段两次，第一次观看时需要从私家侦探的角度看，第二次从室内设计师的角度看。观影者大脑的测试数据表明，当持有相同角度时，大脑区域活跃程度的同步性更强。这意味着，如果两人持有相似观点，则同步的大脑活动将使两人的世界观变得相似。

语言也是一种促进同步的药剂。一些情绪化的言语，比如说通过故事表达的感情很能引起听众的共鸣。一项研究表明，给一群人讲故事能够促使他们大脑的听觉、语言和情感区域同步活跃起来。如果故事中含有消极情绪如恐惧、愤怒，则处理情感的区域会变得更加活跃。另外，这种同步性也伴随着个体大脑内各相关区域之间的协调合作而增强。

艾登能言善辩，懂得如何讲故事。他很喜欢编一些故事让卡丽猜真假。如果卡丽正巧喜欢他讲的故事，他就会喜不胜收。然而在他们恋爱初期，艾登有时把握不好言语的分寸，造成了沟通上的些许麻烦。艾登向卡丽的示爱过于频繁。他会送卡丽贺卡，上面直白地写着浪漫的话语，比如说"我爱你"或"无法言说对你的热爱""我想你"，等等。他也常常张口就说类似的爱语。

卡丽知道他爱着自己，但是觉得不需要这样频繁地用白纸黑字写出来。艾登想要表达自己的情感，卡丽却认为简单分享日常琐事的时候最为轻松自在。情侣之间对一些事情的期许会存在微妙的差别，比如，想说的话和想听的话不太一样，保持缄默还是宣之于口，只说重点还是滔滔不绝，等等。在亲密关系里，有时过于和善会显得生疏客套，而过于简洁的语言则会显得冷淡。两人在时间里磨合、相互妥协。艾登平日里会忍住不说太多，仅在必要的场合倾诉自己连绵不绝的爱意。他们称这样的时刻为"肤浅的时刻"，艾登会以一个鞠躬告诉卡丽他要开始直抒胸臆了。

通常来讲，我们的大脑十分善于根据过往经验和生活习惯做出预测。在我们对话的时候，大脑也一直在做预测。如果我们熟悉某人的说话习惯，就能很轻易地预知接下来他会用什么词句表达自己。也正因此，我们有时能帮助别人说出下半句话。

两个使用相同语言且经常对话的人，不仅了解彼此的语言习惯，还会共用词库，包括选词和句法倾向。熟悉感能重塑两人的大脑对彼此言语的反应时间，把两人的思想调至同一波段上。当我们听别人说话的时候，我们会通过两个步骤理解话语的含义：我们先预测对方的言语，然后听到真实的言语。第一个步骤会影响第二个步骤。甚至在别人说话之前，我们就会预感到他将会说些什么。这样的预测将影响到我们感知真实的话语。而我们预测他人话语的程度也相应增强了我们整体神经的同步。

试想有人在向你描述一个简单的动作。如果这个动作用高度可预测的词句表达，比如说"一个男人在船上钓鱼"，你的注意力在话出口之前和预测过程中（说话过程中）会高度集中。在交流的这两个时段，你们大脑活动的时间线会同步，特别是控制词汇语义和预测的脑区。所以，如果你知道在给定条件下对方很可能说些什么话，你们的大脑就会呈现出高度的同步性。

对话不一定只由词句组成。沉默也如言语一样有力。对话的旋律中包含着言语的元素，也同样包含着勾勒出语言结构的空白间隙。基本而言，我们在谈话时会毫无觉察地按轮流的方式进行对话。这是世界范围内，不受文化限制而普遍存在的行为习惯。这种人类习惯比语言本身都还早出现。如果仔细观察，你会发现婴儿和母亲之间也会轮流表达。有证据表明，轮流说话的行为在灵长类中普遍存在。轮流说话这个习惯是我们从幼年时期就开始锻炼形成的，其目的在于让每个人都有机会发声，所以我们会自发地尽量减少同时说话的情况。总体而言，轮流说话的技艺需要锻炼培养。平均而言，我们每次轮换说话的时间为2秒，而中间空白间隙的时长为200毫秒，这也是发出一个单音节的时长。为了让轮流说话提高效率，大脑在极短的时间里完成预测、解码和理解，并做好自己说话的准备。准备说话需要600毫秒到1500毫秒，时间长短取决于我们要说一个词还是一句话。我们在对方说话的过程中，已经在计划下一轮说话的内容了。为了让爱说话这个毛病不影响交流的顺畅，特别是和陌生人的交流，两人发明了一个小技巧。当艾登没有意识到自己抢了别人说话的时间时，卡丽就会假装说："啊，你们听见什么声响没？"

时机似乎比时间更重要。1973年12月31日，距离午夜还差15分钟，伦敦人民因为一种对未来的期盼聚集在一起。真奇怪，为什么每到年末我们就热衷于画出明确的界限——关于人生，关于改变——而其他日子里，每天的界限基本没人关注？在一年的最后几小时里、几分钟里或者几秒里，时间的界限越发清晰起来。

在对未来的幻想中，艾登感觉身轻如燕，却又被一个心结束缚，但他并没有耐心细想，只想快点迎来崭新的一年。他内心充满希望，但总觉得遗漏了某件事情，心底烦躁得发痒。

那天下班后,艾登趁书店关门之前来到书店,希望能给卡丽道一声新年快乐。刚过不久的圣诞假期期间,他一直都在父母家里待着,只能在心底思念卡丽。他记得卡丽说过她会在最后一天上夜班,他还约定说他会来祝她节日快乐。经过一段时间的深思熟虑,艾登决定无论如何也要让卡丽知道自己认真的态度和诚挚的心意。他还没想好应该如何开口、如何行动,只是想着如果卡丽没什么安排的话,至少能一起去观看樱草山上的烟花,或许明天还能相约去看场电影。

艾登认为是时候将两人的关系推进一步了。

但是奇怪的是,卡丽并不在书店里。她的同事也不知道她去哪里了。艾登在书店外等了一小会儿,又往里张望了一下。然后,他顺着书店外的那条路来来回回寻找她的踪影。15分钟过去了，20分钟过去了，30分钟过去了，书店关门了。

他早就该正式地邀请她。艾登垂头丧气地沿着泰晤士河畔，漫无目的地游荡了好几个小时。他随便找了一家餐馆吃了点炸鱼和薯条当作晚饭，就准备走路回家。街道上，路过的行人都在谈论今天的时间要多加1秒。这样一来，世界上所有事物都能和地球的真实运行时间更加贴近。

当艾登还小的时候，他就知道如何判断一天结束了。可以看看他那只心爱的手表，这是他祖父用过的，手表可以显示月相变化。他清楚地知道，在手表的短针与长针重合之前，自己必须上床睡觉。冬天的时候，一天在一碗汤和四页《绿野仙踪》之后结束；夏天，当花园里所有紫茉莉都盛放的时候，他将一小把带有褶皱的黑色种子收藏在蓝色的天鹅绒盒子里后，一天就结束了。

那么这一天，艾登的愿望是什么呢？除了对于新一年，还能有什么期待呢？他只想到一件事。艾登放慢了步调，似乎被这一天的潮汐力困住，需要慢一点才能和这个星球同步。当他走到中心广场时，他突然厌倦了独自一人。他改变了主意，决定搭地铁去看樱草山上的烟花。地铁十分拥挤，所有人都是结伴而行，只有艾登形单影只。一个脚穿拖鞋的姑娘为他挪开一个空隙。

"你总不能自己迎新年吧。"她说。

"和我们一起吧！"那群人中最高的人喊道，明显有些醉醺醺的。

他们都和这个夜晚格外协调，他们似乎都比艾登自己更明白今晚他该如何度过。

十、九、八……

艾登没有和他们一起倒数。地铁在古奇街站停下，门开了。

七、六……

卡丽出现在门口，身着火红色大衣，胳膊下夹了几本书，头发扎了起来。她上了车，门在她身后关上。

砰的一声，香槟开得早了些。

五、四……

"我去书店了，但没看见你。"

"没事，艾登，我们不是在这里吗？"

砰,另一瓶香槟开瓶的声音响起。

三、二、一!

"再来一个一!"有人大喊起来。

艾登打了个战。这一瞬间突然有种无法抑制的冲动涌起,两人同时向前倾斜,微侧着脸贴在一起。

接吻并不是一件琐屑的小事。脸上的末梢神经会紧绷。唇边的肌肉会僵硬起来,使唇都起了皱褶。瞳孔放大了一些,双眼闭了起来。呼吸也随之沉重起来。一个吻像是一个点,以它为起点可以延伸出一条无穷尽的线。一般来说,我们对初吻的细节记忆更甚于第一次性体验。

乘客们都在欢呼雀跃,吹着口哨。列车长的新年祝福顺着广播在整个列车里扩散开来。旧年之末新年之端，生命在这个转折上怔忪了1秒。1闰秒就这样在旧与新之间、现在与永远之间深深扎根，将两个单独的人生系在一起，变成了永恒的相伴。

Chapter Three 分开还是掠取

你给我多少，我付出多少。

船终于在码头停靠，斯科特既口渴难耐又尿意难控。

沿着斜坡上岸，旁边的男人问斯科特为什么来爱尔兰，要待多久。没有片刻犹豫，他开口说道："因为爱情。"

斯科特30岁左右，是个外交官，具体职务是美国大使馆里的文化大使。虽说是爱情让他漂洋过海来到这里，但是并不意味着有人会特地在码头迎接他。

斯科特和利亚姆在伦敦厮守了三年半的时光。利亚姆是个生物学家,和斯科特同岁。在面临承诺的关头,她对斯科特的爱意变得犹疑起来。斯科特在英国的任期快结束了,就要去其他国家任职。但不论要去哪里,他都邀请利亚姆一同前往。他说:"科学没有国界。在哪你都能找到实验室工作……就像哪都有大使馆一样。"然而利亚姆并未同意。

他俩是在游泳时相遇的,这是两人共同的爱好。如果哪个想念对方了,只要在傍晚时分去公共泳池就能遇见对方。利亚姆时常会游到午夜时分。她游得很快,比斯科特还要快。每当斯科特落后的时候,利亚姆就会特意停在泳池一端,看他游近一些,才折返游去另一端,这样他们就能在泳道的正中间相遇。每当此时,斯科特会淘气地抓利亚姆的小腿。每游完15或20个来回,两人就会休息片刻,一起想着去广阔的大海游泳。利亚姆总是吹嘘爱尔兰的海是多么叛逆,又将它称作"我的海"。

她经常说起一个叫"四十英尺"的地方,就是在那儿她学会了游泳。

"我以后一定带你去看看。"

"啥时候啊?"

他们从未去过那里。事实上,利亚姆从未想过要带斯科特去爱尔兰。每次见面的时候,斯科特总是处于一种类似于钟表的状态。从相识开始,斯科特就像摆锤一样左左右右充满疑问:往前还是往后?是还是不是?近还是远?可能是还是可能不是?这种感觉就像是,似乎利亚姆已然属于他了,却又转身离开,让他渴望得到更多。这两个人就像是站在峡谷两侧。斯科特需要确定感,但利亚姆厌恶承诺。一个寻求保证,一个追求随意的关系;一个想要安全感,一个想要更多选择。

斯科特沉迷于利亚姆做的实验，或者是他理解的实验。每天早上，利亚姆会先杀死一只小白鼠，再去煮上一杯咖啡，又返回训练其他小白鼠，看它们是否对她设计的危险信号建立了反射弧。这样的她像是一个主宰，所有的动物都得听从她的号令。它们感到恐惧，然后找寻方法让自己不再恐惧。斯科特也是如此遵从她的命令。"你就是我的王。"他这么告诉利亚姆。

利亚姆的一言一行无处不宣示着她对恐惧毫不惧怕。她十分擅长让自己永远远离危险的境地，或者是任何让她感到不安的情景。就算是参加斯科特和他同事举办的晚宴，利亚姆也能把话题导向科学领域，这样她就是场上唯一的专家。利亚姆不太能接受指责，但很擅长挑别人的刺儿，特别是对斯科特。如果斯科特心血来潮做个咖喱饭，利亚姆尝一口就能哀怨地指出缺了哪一种调料。斯科特选的餐厅永远都是错的，选在早餐播放的音乐不是太柔和就是太吵闹。斯科特提了好几次想去郊外骑车玩，利亚姆都不愿意，只想去游泳。斯科特在工作上成绩斐然，但是利亚姆总是对此表现出淡漠和无视。然而，利亚姆自己却十分厌恶被人忽略。如果她得不到期望的赞扬，就会摆出一副失望的模样，整个人都透露着：你怎么能这么对我？

利亚姆有时会故意不接斯科特的电话。而当她想要和斯科特通话时，她就会假装打错电话，刚一响铃就立马挂掉。斯科特看见未接来电就会回拨。如此这般相处了整整一年的时间，利亚姆才勉强承认他俩算是在一起了。斯科特总是会预留两张演唱会的票，也会一直等着利亚姆同意一起去看市里最新的画展。利亚姆却会抛下斯科特自己去看演出，还会一直吊着斯科特的邀约直到音乐会和画展都闭幕了。

利亚姆勉强会和斯科特一同过节，但是坚持每年要独自出游一次找寻自我。

两人之间的性生活寥寥可数。利亚姆总是直奔主题，急急忙忙想要快点了事。似乎对于她来说，性爱就像是一个必须穿越的黑暗隧道，她只想要迅速脱身。

总而言之，利亚姆与人相处时，让人感到有道隔阂竖在中间。像是一座高山，你知道山的那一边一定藏着什么，却不清楚究竟是什么。她总是邀请你来爬山，但刚爬一半又把你赶回山下。利亚姆不擅长通过对话解开矛盾和误解，总是避开正面冲突。

当然，斯科特也会疲于应对这种古怪的脾气，有时还会提出抗议。但问题是，只要利亚姆一出现，斯科特就会莫名其妙地臣服于她。然而，如果斯科特真的生了气，疏远利亚姆时，两人的局势就掉转过来了，利亚姆立马化身成最为乖顺的猫咪。她会精心准备好礼物和惊喜，或是美妙的夜晚，或是难得的拥抱。这些短暂但适宜的奖励通常都能哄好斯科特，他很快就会消气。这些美好就像是给斯科特上发条，让他这只钟表能够一直走下去。往前还是往后？是还是不是？近还是远？可能是还是可能不是？每当利亚姆松一松手中的线，她都能更紧地握住风筝。

利亚姆制定两人的关系模式和相处规则，斯科特点头附和。虽说两人彼此吸引，却采用完全不同的方法接近对方。在爱情面前，斯科特是个莽撞的少年，无时无刻不想确认两人的爱情。然而，两人越是亲近，利亚姆就越想逃远一些。斯科特渴望稳稳的爱情。利亚姆虽然同样需要斯科特，却总是保持距离。

在一段关系中，亲密感总在不断变化，特别是当两人之间明显或隐晦地缺少承诺之时。亲密关系中天然地共存着机会和危险。亲密的感情固然带来欢乐和美好，但也暗含伤害和失望。我们在感受彼此爱意的同时,也在渴望亲密和脆弱不安中博弈。亲密关系中最难的一点是,在独立和陪伴之间建立并维持一种微妙的平衡。自由和责任、依恋和独立都是相互排斥的。就像是一场决斗、一个赌局、一个冒险,处于局中的两人都在计算自己的得失。我们也可以把它比作两个对战中的国家、一场对弈、加薪谈判的双方或是杂货市场上的讨价还价。亲密关系中,两人的交锋就是如此,需要直觉和策略。从一见钟情到搬家同住,我们在经营一段关系时会遇见各种困境,我们的选择又是如何?付出还是接受?我们还是你们?自由还是结合?孤独还是相聚?分开还是掠取?

虽然角力过程如火如荼,但是双方都清楚地知道,合作远比对抗更能带来共同利益。罗马人说"以物换物"——你给我多少,我就付出多少。就像是一纸契约,每次给出一些事物的时候,就可能会收获另一些作为回报。

然而，自私的人或许更想得到所有，却不愿付出。

在英国，电视上有个播了两年多的日间游戏节目，名叫《黄金球》。游戏最后会让两人对抗，竞争大奖。这个游戏环节就叫作"分开还是掠取"，竞赛者可以选择是否冒险发一笔横财，选择好后将答案藏在耀眼的金球里。如果参赛双方都选择分开，就能分享头奖，一人一半。如果都选择掠取，则两人就只能空手而归。如果一个选择分开，一个选择掠取，那么这个"小偷"就能独享大奖，另一人输掉所有。两位参赛者的选择结果要等游戏最后才会揭晓。但在做出决定之前，两人可以协商一次。他们可以请求或要求、拒绝或容让、劝导或威胁。他们也可以宣布或隐藏自己的真实意图，还可以故意表现出模棱两可的态度误导对手。

如此这般,怀疑取代了信任。贪婪和慷慨相互角力,在自私自利和利他主义之间来回摆动。

斯科特坚定地要和利亚姆在一起,没有丝毫犹豫。这样慷慨的付出让利亚姆心生畏惧,她想要临阵脱逃,即使她也喜欢斯科特。

斯科特选择分享,而利亚姆想要掠取。他俩隔着电话谈了最后一次。"我很抱歉,斯科特。我相信我们都爱着对方,但我还没准备好,不能放弃一切。"利亚姆说。

"这么轻松说放弃,你是怎么做到的?"

利亚姆那种带着轻蔑的反叛曾让斯科特深深地着迷,但她现在用这种反叛和他分手了。当两个人开始一段感情时,他们也就开始相互亏欠。在斯科特和利亚姆眼中，大奖就是两个人能在一起，但这需要日复一日地精心维护，做出一个又一个正确决定。他们可以选择继续，也可以给彼此自由。任何一次尝试维系关系都是一场考验，要处理好自己的自我和两人的爱情。不仅是两人的关系，两人的自我认同感也同样处于危险之中。自我认同感就是亲密关系中的核心，影响亲密关系中彼此的位置和距离。自我认同感在幼年时期就已产生，在成长过程中不断改变形态。

根据英国心理学家约翰·鲍比发现的依恋理论，成人对于喜爱的表达方式折射了其幼年时期与抚养者之间的相处模式。童年时期我们受到何种对待，不论关爱还是忽视、庇护还是遗忘、宠溺还是遗弃，都会影响我们今后的感情表达方式。该理论认为，成年时期恋爱的依恋情绪可以概括如下：童年时期在陪伴和积极回应的环境中长大的人，更容易建立起安全型依恋模式。安全依恋型人格内心自信，认为自己值得获得爱情和关照。在他们需要情感支持和亲近感时,他们能自信地依靠他人。他们也能很好适应相互依靠,认为不论是依靠他人,还是成为他人的依靠,都是理所当然的事情。

与之相反,童年时期经历抚养者照料缺失、不足,环境应答弱的个体很可能发展为焦虑型人格。依恋焦虑型个体常常怀疑自我价值,认为自己不值得被爱,害怕被抛弃和拒绝。因此,他们一般很黏人,频繁寻求伴侣的认同,以消除对自身的疑虑。

除了以上两种类型,还有第三种——依恋回避型。这种类型的个体,通常在童年时期遭遇抚养者长期缺席、忽视,需求无法得到满足。他们成年后难以相信他人,畏惧亲密关系。当一段关系出现任何危机或变动时,回避型人格会防御性逃避,固执地保持独立。他们认为依恋等价于失望,虽然也渴求亲密感,却十分擅长躲避亲密关系。他们拒绝承认脆弱,拒绝依靠他人,以此躲避伤害。

依恋类型由多种因素相互作用形成。如果将其比喻为一栋房子，那么遗传基因打造出框架结构，童年早期经历在这基础上添砖加瓦。在成长过程中，我们每次与他人的相遇都是一次修葺。而同时，内在基因和外在行为也塑造着我们的经历。

实验胚胎学就是研究内在那些看不见的因素如何影响我们的人生的。事实上，这门科学研究范围超越了遗传学，探讨如何不受基因排序的影响，通过控制基因的表达，形成各种特质和行为表现。这是在研究环境如何修饰基因。科学家通过啮齿类动物实验，研究早期亲代照料如何导致生物体DNA（脱氧核糖核酸）的物理变化，这种变化及其导致的个体行为变化又是如何遗传给后代的。

自然鼠群就表现出，亲代照料存在不同特质。一些母鼠较其他母鼠，对幼鼠缺乏关心和奉献精神。不论幼鼠是否携带焦虑易感或压力易感基因，只要由悉心照料的母鼠带大，幼鼠就不会对压力和焦虑过于敏感。这是因为，良好的亲代照料从化学角度修改了相关DNA序列。这种更改过程称为"甲基化作用"。虽然这可能是一个不可逆的过程，但甲基化仅仅是在DNA上加了一组甲基：一个碳原子和三个氢原子。

斯科特是焦虑型，而利亚姆是回避型。斯科特很容易妥协，利亚姆却更加自私。斯科特总是低估自我价值，需要陪伴；利亚姆似乎永远对自己充满信心，总是追求自由，忽视对方的需求。斯科特信仰安稳的亲密关系，而利亚姆却视其为繁复的锁链。

讽刺的是，焦虑型人格和回避型人格之间运行着一种强大机制。依恋体制中这两个完全相反的类型，却正好能满足对方的需求。内心深处，焦虑型人格永远怀疑自己能否得到全心全意的爱情。他们认为，自己渴望的亲密感与现实中真实存在的感情总是相差甚大。回避型人格恰好符合这些特点。

当回避型表现出任何漠然和怠慢时，焦虑型就会开始担忧两人的关系。当回避型不经意间施舍了一点爱意和关注时，焦虑型就会笑逐颜开。焦虑型将短暂的快乐误读成长久的爱意，心存希望，相信他们的回避型恋人是在意自己的。回避型偶尔施与的关心，以一种奇特的方式滋养着焦虑型。另一方面，焦虑型的行为也让回避型更加坚信自己既定的看法——亲密关系是个难以逃脱的陷阱。从这个角度看，回避型和焦虑型可以说是十分相配。在依赖心强、缺乏自信的焦虑型眼里，回避型向往自由的欲念和专横独裁的气质，变得理所当然。但是，回避型在亲密关系中强制划清界限，也会招致伴侣的抗议。回避型设法回避亲密感，有时甚至不惜以自己的快乐为代价。利亚姆零零星星的关怀，让斯科特从灰心丧气中满血复活，她屡试不爽。斯科特正是沉迷于此，不可自拔。利亚姆利用斯科特的黏人属性，满足自己的需求。

斯科特早已隐约预感到利亚姆会提出分手。真正听到分手的时候，斯科特立刻坚决反对，试图让她回心转意。俩人甚至还动上了手，争斗到一半停下来静默了一会儿，复又继续推搡。最后，利亚姆仍是冷酷而决然。

斯科特伤心极了，内心满是悔恨和怀疑。

接连好几周，斯科特一直在找寻缘由，执意要找到解释这一切的答案——或者是借口。究竟谁对谁错？他思索自己为何总是步步紧逼，而利亚姆却一直拒绝和后退。他甚至开始罗列起两人的柔情时刻，在记账本上计算每一笔感情的交换，也写下了受到和给予的每一次伤害与妥协。

在这段关系中，斯科特总是不懂得中庸之道，凡事喜欢走极端——不是给得太多就是一点也不给。他认为爱情比天大，不能通过算计这种世俗的手段随意得来。也因此，他总是对爱情的伤害视而不见。当得不到足够的回报时，他就会想变得像利亚姆一般薄情。他也会觉得自己的顺从十分可笑，希望能将自己的温柔换成利亚姆那样的冷漠。他想要学会如何吝啬自己的感情。

即使已然分开一段时间了，斯科特的内心依旧受利亚姆的摆布，时而对两人的关系心怀乐观，时而彻底悲观。他的内心依旧充满犹疑：往前还是往后？是还是不是？近还是远？可能是还是可能不是？两人的结合一会儿看上去是佳偶天成，一会儿又变成无望的深渊。斯科特一想起利亚姆就感到苦涩不堪，但还是偷偷幻想她会突然出现，驱散阴霾。他想念着利亚姆的抚摸和拥抱，希冀她能有所改变。但是这些希望都落空了，斯科特叹了口气，淹没进现实的孤寂。

诗人威斯坦·休·奥登有首诗，名为《一课》。诗中的人物永恒地徘徊于胜利和失败之间，他们的爱情有时渺茫到残酷。行文萦绕着三个梦境。每个梦境的开端，恋人们都在靠近彼此，然而之后这样或那样残忍的现实会拆散两人。第一场梦里，两人被赶出战火之中的庇护所。第二场梦里，两人相拥而吻后，一阵大风将其中一人卷走了。第三场梦中，一对恋人赢得比赛获得金色桂冠，但由于桂冠过于沉重，两人不堪重负，无法翩翩起舞，不能参加庆典。恋人们的爱情之路总是充满坎坷和疑问。诗到最后梦都醒来，旁白讲述着这三个梦境想说的话语：我们总得不到我们渴求的，或者说爱情本就是虚妄。

命运有些嘲讽的意味。分手三个月后，斯科特才得知，原来新工作地点就在爱尔兰首都都柏林。

他并没有告知利亚姆，也希望对方永远不要知道。

时间慢慢地将斯科特的悲伤发酵成憎恨。斯科特对自己说，利亚姆也许曾是"王"，但她的"暴政"已然摇摇欲坠了。他已经准备好要结束利亚姆的统治，亲眼见证她的"王朝"覆灭。愤恨的情绪竭尽所能地想要赶走他脑海里利亚姆的身影。他想要忘却，却又像利亚姆实验室里的小白鼠一样，想要记得更牢。他想再看一看那些最为隐晦的角落，那些善于隐匿行迹的过往，那些他曾不愿面对的事实。斯科特承认自己不顾所有警告，过于偏执地追求一个并未满足过自己任何真实需求的人。利亚姆模棱两可的暧昧曾深深吸引着斯科特，现在他回顾一番才发觉，两人的关系一直以来都是如此晦暗不明的暧昧。如今斯科特只感觉疲惫不堪，想要活回自己。

也许，人在爱一个人的同时也可能会恨他。我们之所以恨，是因为他们并未满足我们的需求和期望。

斯科特觉得利亚姆也许也正在恨他，因为利亚姆一定认为自己会回去找她，缠着她再续前缘，满足她的自尊。事实上，身处伦敦的利亚姆表面假装对分手毫不在意，私下却磨着牙暗恨斯科特没回来找她。

不过这一次，斯科特再不愿意顺着利亚姆的鞭子行事了。相反，他开始将搬去爱尔兰看作是一场解放。以前，斯科特做出任何决定都是为了迎合利亚姆。他想要与她分享快乐，希望听到她的赞同。而如今，斯科特终于解开枷锁，再也不用害怕被拒绝了。他确定，新的旅途上一定还有其他人值得他爱。

在一项研究不同依恋类型在面对分手时的反应的实验中，焦虑型和回避型表现出十分有趣的区别。一般来说，尽管会经历更剧烈的情感创伤，但焦虑型擅长反省，能从分手中获得更大的个人成长；相反，回避型很快就能从悲伤中恢复，但总是保持防御姿态，不擅反思，因此也无法从分手中得到任何建设性启发，他们依旧固化在自己的行为模式里。

人的依恋类型并非无法改变。我们可以在漫长的人生中慢慢改进自己。焦虑型和回避型个体可以朝着安全型依恋努力——独自学习进步，或是选择和一个安全型依恋的人一起生活。

同样，依恋理论中的安全型也可能受到焦虑型和回避型的影响而染上一些非安全型的特征。

正如我们不能把圆形画成方形，我们也不能激进地想要短时间内改变根深蒂固的习惯。但是，我们可以明确自己和伴侣行为中的一些需要改正的缺点，并且寻找改正的方法。我们仍不清楚，什么样的表观遗传变化会促使人们改掉行为上的缺点。我们也不知道，需要努力多长时间才会发生表观遗传变化。但是，只要意识到需要改掉缺点，就开了一个好头。

斯科特发现自己正处于一个特别的状态——改变心态就如顺水推舟一般。人生中每次重大变化都是一个契机，让我们清晰地感受到时光落在我们手中，让我们有删除或重建的机会。

斯科特站在码头上,新奇地环顾周遭。人们说话的腔调是那么熟悉,他似乎可以从这些高高低低的起伏中探听到利亚姆的语调。

斯科特抵达都柏林的那个傍晚,终究无法抑制住好奇,去了利亚姆说过的"四十英尺"。这个利亚姆学习游泳的地方已然荒废,看上去像是凹陷的壁龛。他缓缓脱下衣物,爬上一块岩石,吊着腿坐着。湿咸的风轻柔地拂过。他叹了口气,如释重负。他来到这里是因为利亚姆,也不是因为利亚姆。他来到这里更是基于自己的意愿,为了自己而来。

没有任何犹疑,他一头扎入水中,暗黑的海水像襁褓一般裹着他。落水那一霎的冷,既叫人恐惧,也让人兴奋。潜水有种莫名的神秘感。这是一种短暂的胜利感,像是赢了一场赌局,也像是信守了诺言。这是一种对自信的测试、一次放肆的冒险。

许久以前,居住在古锡拉库扎的数学家阿基米德认为:物体放置于液体中,其受到的浮力等于它排开的液体的重量。这个过程就像是,物体将自身的一部分重量借给自己,充当向上冲的力量。每一次冒险都有得有失。我们常常会付出一些来获得更多。斯科特勇敢地走向未知的未来,为新的人生献上所有力量。他带着重新拾得的所有自我价值,纵身一跃。也许他还会继续经历失去,但至少先在这片海里大闹一场。他更透彻地认识了自己,也把前路看得更清楚。不论前路还要失去多少,他现在已然胜利,内心安宁而平和。他已经从利亚姆那里成功地"偷"回了自己。

他向上浮出水面，急促地深呼吸数次，呛出海水，又向远方游出近百米，复又折返。而后，他舒展四肢，闭上双眼，放任自流地仰面漂浮在大海之上。他就这样静待了两分钟，像是等着一句誓言实现、一个咒语灵验。

"你并不存在，我们从未相遇。你并不存在，我将把你遗忘……"他反复对自己念叨。

再次睁开双眼，他似乎觉察到身边有些什么。他环顾四周，幻想着是不是海豚幸临。正当他想要游返岸边时，他突然整个人愣住了，一动不动地看着悬崖之上。

分开还是掠取？

利亚姆站在巨大的岩石边俯视着他,仿佛坚不可摧。利亚姆改变主意了,她辞去职务回到老家,回到自己的地盘。

他们之间再没有输赢,只有一场新的赌局、新的冒险。

斯科特还没来得及做出任何反应,利亚姆就跃入水中,大喊道:"我就说吧,总有一天我们会一起来这儿的!"

Chapter Four

冬日花屋

"其实,那些人根本不知道如何与我相处。"保罗说完,咬了一口鲑鱼蛋糕。

"你这是什么意思?"弗雷德笑问道。

"她们为我倾倒。但是她们打心底觉得我跟她们不是一类人。她们不会在我身边逗留太久,总是溜得很快。"

"溜得有多快?"瑞贝卡插嘴道。

"一般来说,撑不过我脱下外套!"

"兄弟,你淡定些,别郁闷了。把果汁递给我一下吧。"弗雷德说。

"我没夸张,这可不是什么玩笑。"

"那为啥你不多上上网?"

"才不!"

"好吧。我觉得你的问题在于,你脸上贴了张告示,写着'快跟我结婚'。我理解你,我似乎也是这样的。"瑞贝卡说道。

"你跟我们去酒吧坐坐吧,一定有很多人想与你共度欢乐时光。"弗雷德建议道。

"停。我不去。"

"喂,那我呢?你们就不关心一下我?"瑞贝卡嚷道。

每到周日临近中午时,大家就会聚在弗雷德家里,一起吃个早午饭。而饭桌上的闲聊总是离不开两性话题。他们把这个当作是评价自己在圈子里的等级的资本。这样的情况在开春之时尤为突出。窗外阳光充沛、生机勃勃,大家都感到分外孤单。保罗称这种现象为:世人皆受欲望之苦。

饭后,大家坐到沙发上。弗雷德问保罗:"你究竟想要啥?是一场酣畅淋漓的交往,还是一个单纯的抱抱?"

"我就不能两个都要吗?"

不幸的是,目前保罗什么也没有。

保罗29岁，是个善良帅气的小伙儿，他总感觉自己正在浪费最美好的年华。他在洛杉矶出生、长大，后来搬到柏林，在一家建筑设计公司工作。那时候，因为前女友网恋后移情别恋，保罗结束了一场三年的恋爱。自此之后，保罗虽然一直想恋爱，但是一直未能如愿，这让他十分丧气。

久不磨刀的人越发没有上场的机会，相反，久经沙场的人却总能轻易找到机会再次征战。

弗雷德是个成功的银行家，需要跨三个大洲工作。但他总是在柏林留一间公寓，一有机会就会回去，因为这里是他的主要"战场"。他总能在夜店、酒吧或者登录各种约会软件成功猎艳。神奇的是，弗雷德还抱怨自己是只"单身狗"。

"好吧，你刚认识的那个，就还挺喜欢的，叫啥来着？怎么样啊？"弗雷德开玩笑地问保罗。

"你说谁？南希啊？"

"对对，你俩在一起的时候不会只是玩玩填字游戏吧？"

"你可别碰她啊，她可是我最后的'脱单'希望。"

"不会吧，你这个宿命论者！"

南希是个安静、害羞的女子，笑点有些奇特，在一家旅行杂志社做兼职编辑。不久前，两人在一家画廊开业时相识。他们算得上在约会。弗雷德不太理解为何保罗还没放弃南希，不断地建议他赶紧换一个人追。虽然保罗迫不及待地想和南希快速发展，但也可以接受这样的慢节奏。

大家喝完最后一口咖啡，是时候去酒吧碰碰运气了。弗雷德家门口就有个公交站，有车直到市里最近的酒吧。这家酒吧在周末二十四小时营业，明天又是崭新的一天。

"你到底敢不敢去？"弗雷德催促保罗道。

保罗一时上了头，就跟着去了。酒吧里有很多人在跳舞喝酒，还有的人在寻欢作乐。刚来不到十分钟，就有陌生人用眼神示意保罗出去。酒吧后门有片草坪，那儿是私下交流的好去处。两人相互打量许久，从头发丝到脚拇指尖来来回回。那个陌生人始终淡定自若，保罗却血压飙升，面红耳赤地苦苦坚持。

终于，保罗还是败下阵来。他忍着尴尬上前，僵硬地咧嘴假笑，嘟囔道："你叫什么名字？"

那人的回答十分"欠揍":"我到这儿可不是来聊天的。"

我们可以将亲密关系想象成一个设计繁复的庄园,有大大小小很多房间,有的明亮,有的阴暗,有些看得见,还有些隐藏在角落。

如果有新客人来访,他越是深入庄园,就越能增加与主人的亲密值。但主人不会随便就让客人长驱直入,来到里屋参观厨房和食物柜,也不会直接带他们去地下室看藏起来的各种杂物和秘密。

庄园里的花园也是个很重要的区域。花园里面盛开着鲜花,也许有一些果子,还有清新的空气和泳池。这里十分适合玩捉迷藏,也可以欣赏邻居家的花园,甚至还能过去游览一番。庄园的屋子里固然舒适，有壁炉、沙发、桌游和书香阵阵的书房，但是，屋内的抽屉里还有各种票据、账单和杂七杂八的琐屑物。我们需要走完一定程序，才能说服自己接受，也才有资格翻阅这些物件。

你看，花园里和屋内都有自己的风险。花园里充满了未知，天气可能会变坏，刮起大风，把野餐给搅黄了。邻居家的花园也随时诱惑着我们，还有恼人的蜜蜂没准会来蜇我们一下。但是，如果屋子里发生一些状况，在花园里的我们很容易就能翻越篱笆逃出生天。如果我们在地下室看主人的旧照片，那么房子一旦倒下就会压在我们身上，我们就很可能在记忆的重压之下崩溃。这是件很矛盾的事情，在人与人的关系里，拥有一片遮蔽风雨的屋檐似乎比在室外赏花更加危险。

一部分人会向往室内的生活，他们想去地下室一探究竟。但是，现如今社会上充斥着无尽的选择，比如网络交友、夜店约会。于是，很多人开始倾向于让客人待在院子里，还把房门锁上，窗帘也放下来，根本不考虑请人进门。这么一来，大家都只能独自回家。想要安全就得忍受孤独。如果我们不能请人进房间试试，那么我们就只能对亲密关系浅尝辄止。

在现代人类的关系结构中，这种将欲望和归属感分离的现象是赤裸裸的。就算往好的方面说，这种做法也是目光短浅，在爱情丰富多彩的可能性前畏首畏尾。这么做既辜负了两人之间给人无限遐想的邂逅，也辜负了人类情感的复杂性。

进到庄园的屋子里参观，一定比在花园里待着要费劲一点，但是可以在探索屋内居住环境的过程中收获更多的趣味。

文化和教养试图规劝我们：热烈的激情和长久的爱是不相容的。每当即将建立关系的时候，这些教条就会在耳边低语：性是转瞬即逝的。性行为和拥抱不是一码事。表现出亲切的模样将毁掉性爱的血脉偾张。从陌生人之间约会的礼节到确立关系后的性事，性愉悦感和浪漫爱意之间可能存在分歧。

保罗就如他的朋友一样，试图厘清自己的亲密关系。

一方面，他很是唾弃随意地约会；另一方面，他又对此心生好奇，一部分是因为他好像也没有其他法子了。为了快速获得满足感，他们倾向于发长篇幅的信息，但仅限于文字的方式，因为打电话要考虑的东西就多了。在网上开的玩笑十分逗乐，语言用词也很精妙，还夹杂着纵情声色的语句。所有这些无一不在暗示，她们已经等不及要与保罗见面了。她们还郑重地许下了誓言，承诺在见面后会做哪些、不会做哪些事情。但是，到了真正"奔现"的时候，这一切都化为泡影。那些人不是失约，就是找些稀奇古怪的理由，比如夸张地说自己抑郁症犯了。

也有愿意和保罗见面的网友。有一次保罗收到一条约会软件传来的留言，对方曾在健身房和保罗见过一两次。

"嗨，要见个面吗？"

尽管这位女士从来没有当面和保罗说过话，但保罗挺喜欢她的，还在健身房打听到她是个管弦乐指挥家，才来柏林不久。几天后，保罗将"见面"扩展成了剧院约会。他买了前排座位的票，邀请对方看由莎士比亚十四行诗改编的戏剧。之后,他们又共进晚餐,还点了酒喝。

对方却发来信息:"先生,谢谢你的邀请。你是个好人,但是我不确定你想要怎样的关系。很抱歉,我并不想要这样的约会。"

指挥家似乎没有领略到这出戏剧的隐藏意味。她认为剧院邀请是想逼迫她深入保罗的生活,要把她锁在屋子里,紧接着就要开始逼婚了。仿佛想跳过欣赏花园的玫瑰香气,就直接要她入住庄园主卧。于是,指挥家忙不迭地撤退了。也许对于这个选择网上交流而非当面约人的小伙儿来说,一个正常约会应当包含的戏剧和浪漫情节有些过头了。可笑的是,一周后这人又来约保罗。

通常来说,一次包含音乐会、难喝的酒、开心的笑话、无伤大雅的争论、漏气的轮胎或者其他什么预料之外的事情的约会,甚至是一次秘密的约会,都会比网络交流能给人留下更深刻的记忆。

保罗是个热烈的人。他渴望炙热的性爱,但并不仅仅想要性。他不在意,或者说是选择忽略深入庄园内部的危险。不论是几小时、两周还是一辈子,保罗并不过分考虑情感和肉体之间的区别,只是时刻准备好从大庄园的花园跳到各色的房间里去。瑞贝卡这么评价保罗:只要他流露出一点兴趣,就会让人以为他是在承诺些什么。

事实上,瑞贝卡也遭遇过同样的状况。一个前男友曾给她发过这样的短信:"我们之间不太和谐——我并不爱你。"

瑞贝卡看了两遍这条信息后,看第三遍的时候她忍不住大声读出来了。两人之间的关系摇摇欲坠,就像短信中的那个破折号一样脆弱。瑞贝卡十分疑惑，破折号两边究竟是因果关系还是并列关系？性吸引和感情，哪个是因哪个是果？一箩筐的性技巧和长久的关心，两者哪个更加重要呢？瑞贝卡眼睛盯着手机屏幕，内心不断回顾与前男友的一幕幕，试图找到蛛丝马迹，来解释令人丧气的结局。

两性如何相处有着深奥的学问——每次与人邂逅都是一堂课。我们学习、教学、适应或者放弃，我们磨掉棱角或者磨出新的棱角。重要的是，我们在这个过程中养成什么样的习惯，并因习惯而成为自然。一些人追求身体的愉悦，一些人固执地要将性事和爱情联系起来。有些人容易妥协，能轻易改变择偶喜好。

虽然保罗在年少时也曾享受过几次不用负责的露水

情爱，但他大部分的性行为都是由爱而发。这样的习惯不仅代表过去，也是对未来行为的映射。保罗最终还是向往灵与肉的结合。

性行为本身有正面作用，而兼备安全感、归属感和互相理解的性更加有益。科学家进行的纵向比较研究已经得出结果：对于已婚及未婚的伴侣，交流、承诺和安定感能提升性满足并且增进两人的关系。一项对新婚夫妻的研究更能证明上述观点。新婚夫妻在婚礼前完成沟通、自我肯定并使关系稳定，对于提升婚姻初期的满足感尤为重要。

在对性的期望和现实、幻想和真实之间存在一道鸿沟。在我们的幻想中一切皆有可能，但是现实总是很难如意。有趣的是，这种现实带来的打击也会在脑电波中表现出来。参与处理实际经历和虚幻想象的大脑区域大体重合，但是在不同情况下，这些区域内的电信号路径流向不同。当眼睛看见图像时，视觉输入信号首先由大脑后下方的枕叶接收和处理。然后，视觉信号又向前上方的顶叶传送。当我们想象事物时，电信号的流向与前述相反。关于想象事物的电信号从大脑顶叶向下传到枕叶。也就是说，实际视觉图像和想象图像的电信号传播方向相反。

我们与他人的首次性爱不必是完美的。两性和谐是通过时间积累的，亲密感能加快积累的进程。性伴侣的舒适感将带来更好的性体验，而坦率、耐心和信任等因素也会实现更高的满意度。我们至少应当尝试与他人建立亲密关系。

慢慢地保罗自己也发现，试图和思想滑坡的人结交只会与亲密关系背道而驰，让自己变得失望、丧气。保罗厌烦了不断向赝品妥协，决心朝着自己真正渴望的目标出发。他渴求另一个具有冒险精神、愿意承担风险的勇士。

再说回庄园那个比喻。也许，保罗想要的是一个美好而宽敞的冬日花屋。花屋里种满奇特的花草，可供赏玩，既不会引发幽闭恐惧症，又是一处安全的私人领地。但同时，花屋也须得经受住冬季恶劣的天气。这个花屋既温馨又充满未知，它介于"露天花园"那不受控制的放纵（真实存在或在想象之中）和"房子"里面沉闷安稳的誓言之间。它离大门很近，但又跟主卧有些距离。在冬日花屋中，既给双方空间来考虑其他的可能性，又会相应地制定出规则和限制。在这里，两人过往的情感和肉欲得以交织，当下的欲望、恐惧和对未来的希望得以融合。

保罗与南希去欣赏了戏剧，接着又约了很多次。他们看了电影，吃了比萨，还一起徒步和慢跑。他们谈论旅游和想去的远方。他们讨论勇气和男子气概。南希是在问，保罗都会回答。他们会送对方回家，也会在睡前和醒来时给对方发信息。他们还会聊一聊《纽约客》上的漫画，看看哪个最让人捧腹大笑。南希会为保罗下厨做饭，保罗会给南希弹吉他。他们这么交往了好几周。

之后有一天，南希开始释放出某种信号，又或者说保罗开始觉察到南希的某些意图。南希并没有直接宣之于口，只是通过一些肢体语言告诉对方，自己准备好了，愿意……进一步发展。这一切仿佛是突然发生的，没有任何征兆，也没有参考、借鉴什么。

模糊地表达过几次之后，南希的期许才终于变得明朗起来。她有时会站在保罗跟前，一副雀跃的模样。在河边散步时、在欣赏画作时、在篝火前或是在窗边遥看风景时,她会抿唇缄默,做出一些不甚明显的举动。这些小动作持续的时间不长不短,好像在表达些什么,又好像是无意之举。

弗雷德说:"我们的欲望总是超出事物本身可以带来的满足感。"我们似乎将欲念当作无法实现的妄想。就像我们总是索取的比我们应得的更多,或者是想要自己能力范围以外的事物。我们就是如此渴望。而当我们无法获得心中所想时,我们就会感到崩溃。

在亲密关系中最为磨人的,同时也是最具回报的(有争议)挑战是弄清楚对方的想法。当我们愿意探求他人的心迹之时,我们才能发现那些并不明显、不被外人所知的心绪细节,从而参与到对方的生活中去。这就是亲密关系的本质。

再说哈珀林的那句话,"好的性爱是不夹杂任何嘲讽的"，但是爱情正好相反，它有时会恼人地充斥着嘲讽。爱情的体验与爱情背后的真实之间存在差距，我们在歌曲中听到的爱情也与爱情的本质格格不入。性行为可以暂时弥合这些差距。但是最终，我们需要在相处中积累经验，不断提升相互理解的能力，在性与爱中领悟我们自己是谁，我们和伴侣在一起的时候又是谁。这样我们才能学会应对流言蜚语和内心的不确定，或者至少降低我们所遭受的负面影响。

又一次，两人望向窗外风景的时候，南希依旧不言不语。保罗也保持静默，没有一丝笑意。如果保罗是南希幻想里的男主角，那他的表演就得像样，就得合乎时宜。

天时地利人和具备，只欠保罗的一阵东风了。

毫无征兆又顺理成章间,他们开始毫无章法地攻城略地。从白纸一张到经验丰富,从感觉奇怪到感到熟悉。他们出征,他们标记领土,他们到达顶峰。

Chapter Five

魔法师的告别

"这样也挺好,是吧?"

"当然,亲爱的。"

"真的吗?"

"我确定。"

奥斯卡清楚地知道死神随时可能光临,近来总爱问妻子玛格丽特这样的问题。

"那就好。我能走了吗?"

"能。"她回答道。

"亲爱的，真的吗？"

"是的，我……"

奥斯卡深深地看着玛格丽特，确认妻子并没有言不由衷。"那我这就先走了，看我的魔法吧！"他十分正式地摆开排场，半坐起身来说道，"好的，亲爱的，闭上眼……一、二……三！"

他像魔法师那样挥舞着手臂，定住了几秒，但是什么事情都没有发生。死亡的使者似乎并没有听从他的呼唤，魔法师和他的学徒仍旧待在原地。奥斯卡十分失落，仿佛再也无法承受搭在身上的铺盖的重量，无力地跌落回床上。他请求玛格丽特让他一个人静静。

如今已经85岁的奥斯卡，当过二战时期美国的陆军上尉，曾帮助意大利西西里岛逃脱法西斯的魔掌。当年在他驻军的小镇，当地人都称呼他为"金发小丑"，因为他总是面带笑意。战争的胜利、帮助别国人民重获自由的骄傲让他血管里流淌着不灭的乐观和希望。他展望着回国之后组建起美好的家庭，发誓不让家人受到任何苦难和伤痛。康涅狄格州举行了一场胜利游行，人们都载歌载舞，耳边是慷慨激昂的演说。一片欢腾之中，奥斯卡遇见了玛格丽特。她正和一群女孩一道举着鲜花和彩旗装点街道。六个月后，两人结婚了。奥斯卡在一家律师事务所当助理，玛格丽特则在儿童福利院里上班。奥斯卡从未停止学习，后来成为法律专家并且精通政治。之后女儿艾米出生了，变成了夫妻俩的生活重心。

就如敌军逐渐渗透、侵略他国一样，险恶的胃癌细胞也悄无声息地扩散到了奥斯卡全身。等诊断出来的时候为时已晚，奥斯卡的癌症已经无法通过手术治疗，也没有其他办法可以治愈。他只能等着最后一天的到来，尽力把剩下的日子过得有意义一点。这位奉献了一生，总是充满希望，仿佛永不枯朽的坚毅男人看到了生命的终点。

医生下诊断书的那天，艾米就从洛杉矶的工作室赶回家了，并决定搬到父母家陪伴他们。她一直都是父亲最为忠诚的士兵，愿意在这场最为艰难的最后战役中保护他。艾米也快50岁了，是一名画家，举手投足间有种美妙的典雅感。她身材高挑，一头红色长发，总是容光焕发得像是刚刚沐浴完毕。

"虽然给你取了艾米这个名字，但我总觉得维纳斯更适合你，你长得和维纳斯可真像啊！"奥斯卡曾指着画册上意大利画家波提切利的那幅《维纳斯的诞生》说道。这让艾米尴尬到脸红。谁都看得出来，奥斯卡十分宠溺女儿。

艾米是个早产儿。那是一个春日清晨，奥斯卡待在家里没有出门。玛格丽特去医院做常规检查的时候，出乎预料地突然生产了。那天艾米还在子宫里安睡，就这样被人间惊醒，让她赶紧降临。那个时刻，家里的咖啡机正将那天的第一杯咖啡缓缓滴落。那是奥斯卡从西西里岛带回来的咖啡机。几分钟的时间，艾米的头就探了出来。后来奥斯卡听人说，玛格丽特就深吸了几口气，一用劲儿，艾米就来到人间了。那天傍晚，父母、祖父母和一群亲戚都围在她的摇篮周围，由上往下地看着她。

而现在视角互换了，艾米由上往下地看着她的父亲。当她发现父亲已经完全起不来身时，她努力很久才忍住不在他面前掉眼泪。她每天为他准备食物，为他的房间拉开或关上窗帘，拿来鲜花放在床头，记录下每天的日常。

艾米说趁着在家，想为奥斯卡画一幅肖像——虽然早有这样的打算，但一直以来由于一些心病她从不敢开口提，而医生的诊断让她不得不鼓起勇气说出口。艾米搬回家住的那天，奥斯卡就让她播放起从前经常在家里飘荡的音乐。许久以来，这个旋律紧紧地将一家人联系在一起。这是一首战后的歌曲。

奥斯卡的床头柜上摆放着一个简单的银色相框，里面夹着一张艾米小时候的黑白照片。那时她刚满4岁，正对自己的影子无比好奇，奥斯卡捕捉到了这个有趣的瞬间。她的头半侧着，小小的身子，踮着脚，扇动着自己的裙摆，像是要遮住身后那个黑色的小怪物。但她没有丝毫恐惧的神情，反而是欢乐、好奇中略带一点焦急。她的眼睛炯炯有神，想用眼神把影子击退。每次看见这张照片，奥斯卡都会兴致勃勃地重述一次当年的情景："你瞧你多好战。身后的影子永远在追着你跑，但不要让它困扰你，走自己心中的路就行。"

渐渐长大后，艾米发现影子并不只有一个。它还会分身术，通常会集结一众伙伴从各个方向追逐着她。她不是每次都能用无所畏惧的大笑驱赶它们。每当奥斯卡想问艾米最近过得如何时，他都不会直接问，而是说："身后有影子吗，孩子？"

而现在父亲的即将离去就是艾米身后的影子。她想让父亲高兴。奥斯卡总是给予她深厚的爱和关怀，有时艾米很难确定父亲对自己的才华、事业和地位是否真的满意。

其中一部分原因在于，奥斯卡虽然满含慈爱，却不会说出来。另一方面是因为，艾米认为父亲应该会希望自己跟随他的学术道路。这种想法总让她感到不安。虽然没人把这话当真，但奥斯卡曾开玩笑说，希望艾米有一天能成为美国的第一任女总统。奥斯卡年轻时是一名士兵，然后成为法律教授。他总是将国家经济和安全需求作为自己的事业计划。他一直都在奉献自己。

艾米心底的担忧在于,也许父亲并不认同她成为一名画家。她希望还有足够的时间驱散这个可怕的影子。

"啊,痛痛痛!"奥斯卡叫道。艾米在为他剪脚指甲。

"对不起啊,爸,我轻点儿。"

"乖女儿嘞,不剪了吧!"

"就快剪完了,我们必须剪,再不剪就要长进肉里了!"

剪完指甲后,艾米就拿出按摩膏,开始为奥斯卡按摩腿部肌肉。她将他的膝关节弯曲数次，又前后摇晃他数次以促进血液循环。之后，她还会给他梳头。起初，这样的日常照料让父女两人都有些尴尬。但当玛格丽特说自己来做这些活时，艾米还是强烈要求和母亲轮换着来。这样细致的照顾看似琐屑却十分重要，奥斯卡也因此感到满足而快乐。

现在奥斯卡的房间变成了一个展览室。他想要看见很多东西，想让它们承载的回忆都摆在近的地方，比如说一些日常惯用的小东西，或是一些有纪念意义的事物。他想在卧房里摆放一台大电视，可以看看新闻。他最喜欢的沙发靠垫也放到了床上。原本挂在厨房的钟也放到了他的房间里。那钟还是奥斯卡祖父用过的呢。一旁的小桌子上放着一些塑料小摆件，以及一部老旧的家用留声机。

随着癌细胞的扩散，奥斯卡也开始遭受阿尔茨海默病的困扰。癌细胞影响了大脑,他的脑神经不断退化。

就如癌症一样,痴呆症也很难预测。这是一种难以捉摸的病症,常常毫无征兆地出现。短期记忆最先衰退,他很难完整地记住近期的生活日常:刚刚吃完饭就忘记吃过饭,还问怎么还不吃饭;刚刚刷完牙就又在找牙刷……他的逻辑变得混乱,记忆变得模糊,还开始出现一些奇怪的行为,比如,不停地重复同一个句子,或是说一些词不达意的话语。这对艾米的伤害最大。因为每当她走进房间时,奥斯卡都会大喊道:"哇,你大老远地回家了呀!"

玛格丽特想尽力帮助他多活动一下大脑。研究表明,老伴之间拥有大量相同或相似的记忆,更能帮助彼此对抗认知衰退。相较于自说自话或与陌生人谈话,伴侣之间的倾诉能让人更好地回忆起更多的往事细节。玛格丽特会和奥斯卡玩纸牌游戏或是填字谜。每次出门去超市采买日用品时，她还会让他帮自己写好购物清单。她和艾米都认为，一起回忆过去的美好时光是件十分愉快的事情。

谈论时政和新闻也能让奥斯卡精神起来。似乎他把大部分清明的状态都留给了自己的专长。家里总是热热闹闹的，都是来自社会各界的客人。即便是奥斯卡生病后，艾米和玛格丽特也继续保持着这样的家庭氛围。她们会请朋友来家里吃晚饭、喝下午茶，朋友们都会陪奥斯卡说说话。他们有很多朋友，因为朋友有困难的时候，他们总会提供帮助和建议。家里的房门也总是敞开的，特别是有紧急情况发生的时候。

刚诊断出病情的时候，奥斯卡并不想死。那时，他总是避免讨论死亡的话题，不愿意知道自己的病情和危险的处境。他不想表现出对病魔的畏惧。他说自己仅是粗略浏览过人间，需要更多的时间细细品味。他依旧对世界的现在和未来充满好奇。

然而，当得知病情已经药石罔效后，奥斯卡慢慢承认了或是说他也感觉到了时日无多的惨淡。死神一步步逼近，以最为原始而微妙的步伐。奥斯卡接受了现实，还扮演魔法师，想为玛格丽特表演一次魔法。

"我现在死去是不是还太年轻？"他常常这么问。

艾米会告诉他，作为一个指挥官、一位父亲，他很不幸地得打头阵，给家人引路："爸，你就是先去开个路，我和妈妈有一天也会来的。"

父亲是独特的存在。众所周知父亲是权威和规则的象征，当然也有一些例外，就如传奇一般难以言明，他们总能无可挑剔地承担起这个独一无二的角色。在一篇感人至深的散文《我的父亲和我》中，作家希瑞·阿斯维特（Siri Hustvedt）写道："和母亲不同，父亲总是有种距离感。"

在后代出生后的几天里，这种父亲的距离感就展露无遗。在动物世界中，很少有雄性会承担起照顾幼崽的义务。雄性海马会照顾后代，雄性企鹅会孵蛋。但仅有3%到5%的雄性哺乳动物会积极参与早期的亲代照料。狨猴父亲会养育其后代。棕肩狨猴父亲也是这样。但是，从田鼠到老鼠、从犬类到大猩猩等大部分哺乳动物的雄性在照料幼崽中仅起到辅助作用。虽然人类男性也不分泌乳汁，但会参与抚育后代的工作。然而通常来说，要建立起父亲和子女之间的情感需要更多的时间和空间。

研究亲子纽带的动物实验历来都是关注母亲的角色，这很大程度上是由于我们很难定义和量化父亲的亲代投资。因为父亲的很多付出是非直接的，比如守卫巢穴、提供食物、给予子代教学指导，其中包括如何与群体和谐相处。

人类社会也类似，父亲和母亲与子女交流的方式不同。在双亲与未具备语言能力的婴儿的互动中，可以清晰地观察到这种现象。通常而言，母亲会采取长时间面对面的交流——四目相对，模仿彼此的面部表情，模仿发声，父亲则会即兴进行一些能让婴儿兴奋和新奇的游戏。

人类大脑中，亲代照料可以粗略地认为是由两个神经网络负责的。亲子交流的情感和动机主要由边缘系统——包括奖励中枢——控制，这是人类进化中较早出现的大脑区域。而更需要注意力和思考的亲子交流，比如社会认知和移情作用，则是由大脑皮质区域管控。当我们试图理解别人的意图或尝试与人进行思想交流时，大脑皮层就会活跃起来。父亲和母亲在观看子女玩耍的录影时，双方大脑的活跃区域存在细微区别。一般而言，母亲大脑的活跃区域虽然有所重叠，但边缘系统的活跃最为明显，父亲大脑中管理社会认知的脑区活跃度较强。产生这种不同的原因可能是人类进化：为了确保婴幼儿存活，母亲扮演着更为古老而原始的抚育角色，而父亲承担起传统意义上的辅助任务。

有趣的是，在子代抚育过程中，父亲大脑中管控语言理解和语言表达的区域也会活跃起来，比如说布罗卡氏区的双侧额下回。法国精神分析学家雅克·拉康认为，子女的语言能力开始于与父亲的交流。也就是说，父亲是世界象征秩序的介绍人。这种语言能力建立的时间因个体而有所差异，但大多在孩童2岁左右开始发展。这个岁数通常也是父亲更常出现在子女生活中的时候。虽然这么说有些牵强，且也仅是猜测，但拉康所谓的象征秩序或许就是由大脑的语言区域管控。不论是文化使然还是自然形成，抑或是都有影响，这个掌管两大任务的大脑区域在子代与父亲互动时变得十分活跃。

奥斯卡曾将艾米当作儿子培养。至少在很长一段时间里,他将她视作男孩儿。奥斯卡会检查艾米的学业,精确地点评她的作业。在父亲的教育下,艾米在厚厚的书本和墙上的画作之间犯难。奥斯卡给了她摆在书架最上层的厚重书籍、彩色蜡笔、回形针还有锁在抽屉里的水笔替芯。因为奥斯卡的引导,艾米开始思考和谈论上帝、政治、选举和战争。也是奥斯卡带着她欣赏罗斯科的画作。每次遇到危险,比如说不小心跌下马背时,她都会尖叫着呼喊"爸"来寻求救助。在学校主席台上接过毕业证书时、在梳妆打扮好准备和初恋参加高中舞会时,她都会下意识地寻求父亲肯定的目光。当她第一次成功出售了自己的画作时,脑海中浮现的也是父亲的身影。

父女两人还有另一个共同爱好,这也是紧密联结两人的纽带。艾米10岁的时候，两人养成了在家跳舞的习惯。每天艾米上学之前，两人都会一起跳上一支舞。他们的日常生活中还有一些雷打不动的习惯。清晨，两人会一边吃早餐，一边听新闻，一边讨论时事，餐后会一起练习舞步，配乐是奥斯卡年轻时爱听的歌曲——战争时期的曲调让他回忆起年少时在西西里岛和姑娘们谈笑的光景。艾米喜欢一边跳舞，一边听父亲讲那些英雄的传奇故事。

玛格丽特从不参与这些活动，这都是父女之间的故事。

艾米已经在家住了几周。奥斯卡的病情每况愈下，他开始出现幻觉。刚开始时，幻觉只在固定时间发作，之后就越发频繁，进而演变成含糊不清的胡言乱语。他看见了四处飞舞的士兵,越来越多,密密麻麻。他朝着他们大喊,让他们赶紧降落离开。他还会大喊着"炸弹""绑架"和"宇宙飞船"。

谵妄是痴呆症的常见症状,会影响病人的意识,让大脑分不清自己是处于清醒状态还是睡眠状态。谵妄还会引起语言困难。奥斯卡有时说话很有条理,但有时说话让人困惑,仿佛用了另一套字母表。就如谵妄病人的语言一样,其神经生理学原理也很难解释。大脑皮质和脑干之间的神经投射能够控制和切换意识的清醒状态和睡眠状态。脑干位于后脑。而位于两者神经投射之中的则是脑丘——希腊语中有卧室的含义——顾名思义,脑丘在脑解剖学里位于中心位置,综合管理情感和认知的感觉信息。脑丘的功能是过滤信息,如果功能失效,那么超负荷的信息将导致各种精神症状。乙酰胆碱等诸多神经传导素会参与这种信息传递工作。乙酰胆碱作为信息过滤系统的调节器,可以提升意识和专注力。如果类胆碱神经传导素（例如乙酰胆碱）分泌不足，就会引起谵妄等症状。多巴胺分泌过量也将阻碍类胆碱活性，从而导致谵妄。

痴呆症、阿尔茨海默病其他认知衰弱都可能由类胆碱分泌系统问题引发。痴呆症、吗啡、其他镇静药物和抗癌药物共同作用，引起了奥斯卡的认知神经障碍。

虽然谵妄症不可预知，但一般会在夜间发作。一个温暖的夏夜，有干燥的风吹过，但奥斯卡似乎无法安眠。在凌晨4点左右，艾米听见他在大喊大叫。玛格丽特没有听见，依旧沉沉地睡着。艾米没有叫醒她，而是赶紧跑上楼去查看情况。她当时并不知道，这一次短暂的陪伴却成为父女之间最为亲密的时刻。

奥斯卡发出含糊不明的声响，让人很难辨别其中的含义。一连串神经质一般让人困惑的口令，听上去像是在军队里传达命令。他的声音里满是紧张和痛苦，不断在给出和接受指令。他高呼着"危险"，又大叫着"救命"，似乎是想救援，又像是在自救。他用意大利语喊着："停止杀戮。"

然后，他的语调中充满了恐惧："别扔下我，不要，不要！"当他发现艾米就在身边的时候，惊讶的表情凝固了片刻，又开始扩散成欣慰和放松，停下了军队的口号，也没有痛苦的哀求。他又开始磕磕巴巴、口齿不清地说话。他深深地看着艾米，突然开始背诵久远前的一段记忆："对艺术和其他事物的热爱……对死亡的恐惧……只要画家还在呼吸，就不畏惧任何黑暗……"

奥斯卡艰难地诵读着。艾米在一旁紧紧握住他的手，不禁热泪盈眶。这几句是《伦勃朗的晚年自画像》中的诗句。诗是英国诗人伊丽莎白·詹宁斯所作。奥斯卡并不是随意地背诵，这首诗源自艾米还在读六年级时的一段往事。老师布置家庭作业，让学生们选一首诗，在课堂上背诵给大家听。小艾米对选诗毫无头绪，就听从奥斯卡的建议。那时的艾米对绘画的热情刚刚露头，这首关于画家的诗让她着迷。她很快就背诵下来，自信地在班上演绎，所有人都为之惊叹。

在这个特殊的时刻、这种特别的羁绊下，奥斯卡诵读出诗的片段，将那段闪闪发光的往事重现在两人面前。奥斯卡借着这首诗歌再次向艾米告别，虽然即将离去，但是艾米就是他最珍贵的遗产。他的女儿是一位艺术家，还有长久的岁月等着她。

这段诗句赞颂了艺术的伟大，歌颂了那些连死亡也无法带走的珍宝。虽然还困在谵妄之中，但奥斯卡将诗句记得清清楚楚。

奥利弗·萨克斯在《幻觉》一书中将谵妄描述为一种催化剂,可以炼化出"真实而纯粹的情感瞬间"。谵妄可以出乎意料地传达和揭示内心的真相。在这个满是困惑和感动的夜晚,艾米有了一段难忘的回忆。然而这已足够,任何言语都显得多余。就如给小时候的艾米带去了启迪一样,这首诗现在又播下一颗未来的种子。一个不再有父亲的未来,一个不再怀疑父亲是否认同自己的未来。第二天一早,艾米就开始着手画父亲的肖像画。

当奥斯卡面对死神的时候,艾米和玛格丽特陷入了两难。很明显,奥斯卡饱受病痛的折磨,早点离去也许是种温柔。医生和朋友们都告诉她们:有时候,如果家人在跟前的话,人是不愿意走的。亲人的悲伤和祈祷会困住即将离去的人。因此,虽然两人都想在最后一刻陪伴在奥斯卡身旁，但也还是会隔一段时间就让他独自待一会儿。

死亡即将降临之时，我们对时间的感知将变得不同。虽然剩下的分秒越来越少，但时间开始膨胀，变得更加饱满。在死亡的阴影笼罩之下，不论是即将离去的人还是幸存的人，都会体验到人生中少有的强烈情感。面对死亡之时，我们会觉察到一些总是被琐事淹没的珍宝。它会来到垂死之人的门前，敲响大门。这时，死神也会谦卑起来，不再张牙舞爪，一些尘封已久却无比重要的感情显露出它们的面容。

亲密关系的远近会有所变化。死亡的逼近重置了亲密的距离。通常而言，泛泛之交可能会出于谨慎或恐惧关系而向后退。而最亲近的人总是会留到最后一刻，亲密的情感也会得到升华。照顾即将离去的亲密的人是我们人生的意义之一。

死亡和痴呆继续在奥斯卡身上角逐。痴呆让他越发糊涂，囚禁住他的意识。死亡则是想放他自由。即便在癌细胞和痴呆症的不断侵蚀下，奥斯卡仍然留下了一丝清明，渴望亲人的亲近和关爱。事实上，死亡面前的老人对爱意的渴求近乎小孩。他们需要无条件的爱。而最为微小的关爱和善意也会变得无比深厚，因为他们对于情感的尺量也改变了。

临终之人会回归最为纯真的状态。他们卸下了生活和旁人施加的沉重而累赘的装饰。

艾米相信，即使父亲已然痴呆了，仍有一部分意识毫发无损地保留了下来，他以自己独有的方式痴呆着。也只有这样，他才能叨念出那些诗文，勾起与艾米共同的回忆。这就是最为美妙的礼物以及充满爱意的告别。在父亲生命的最后几天里，艾米感悟到一些人生的智慧。人生的意义不在于聪明、成功和权力，而是应当有属于自己的独特人格，要永远记住做自己。

奥斯卡变得越来越安静，总是疲惫而困倦的模样。吟咏那首诗之后，他的谵妄更加严重了，而更为严重的是寂静。在这样的时刻里，寂静只会传达一种信息。奥斯卡睁开眼睛，短暂地瞥了一眼人间，仿佛在努力告诉她们：照顾好彼此。我虽然离去，但是我还在你们身边。我们永远是家人。不要在循规蹈矩中虚度光阴。多与人交流。继续大笑。富有创造力。

奥斯卡归于永眠那一刻，玛格丽特和艾米都在一旁陪伴，熟悉的曲调在屋子里回荡。玛格丽特握着他的手，他大口地喘气，发出咯咯的声音，但是呼吸却越来越弱，直至平静。

"你还需要什么，爸？"

奥斯卡抬起眼看向她俩。艾米俯身抱住他,听见轻微到几乎不可察觉的声音说:"这样就好。"然后,他又问了一句,"我能走了吗?"

"可以,亲爱的。"玛格丽特说。

这一次,魔法成功了。

Chapter Six
我愿意

好似他就在此处，静静地看着我。一回头就能看见他还在床上，半倚着问我，为什么还不睡觉，读没读过杰克·斯派瑟写的那些风花雪月的诗篇，还问我能不能帮他揉揉背。他知道这是在为难我。而我也好奇，是自己对待玩笑过于认真，还是真的没能满足他的愿望。

安东尼，你已经到家了吧？你一定不知道，你轻描淡写的出现对我而言意味着什么。就在几天前，我听见了你的口哨声，我认识了你。这一切像是奇迹。因为你，莫里斯在他曾经承诺过我的未来里再次现身。

不要因为我那次匆忙离开而心怀不安。你太像他了，像到让我害怕。是时候告诉你关于他的一切了，你俩之间好似有什么难以名状的关联。

今晚你的双眼几乎和他的一模一样,只是更加迷人。他的手掌更大一点,而你的脖子要稍微粗壮一些。你在我身边的时候,我感觉他也在,好像正要揭露什么秘密。还有那一抹笑意……当你将笑时,勾起的嘴角和弯起的眉眼——这些表情仿佛都是从他的脸上,纹丝不动地镌刻在了你的脸上。我用腿环绕着你,但这是属于莫里斯和我的姿势。你终究不是他,我得记住避开你的双膝。莫里斯的腿部甚是敏感,肌肤厮磨间我会长久地爱抚他的双腿。如果他真的在这,就会轻抚我的后颈,将鼻唇埋在我的头发里。然后,他会亲吻我的额头说:"没事的,玛格,都会好起来的。我们会一起活下去,你还记得吧?"

如若我俩都没带人回来,就会一起度过漫漫长夜。他会从地下室出来,悄无声息地滑到楼上的大床上。他一言不发,但有时会轻声哼歌。我们会轻声谈论白天的经历。我会问他:"今天有没有更好一点呢?还是更加艰难了？"他会回答道："还是值得走出门去，再看看这个世界……"

这就是我们的摇篮曲。曲调哼到一半，他会把我拉近，深深地看着我，贴着我说，镇上那些没看上我的人一定是眼瞎了才和别人恋爱。紧接着，他眼中会闪过一丝恐惧，闭着眼用鼻子蹭我的脸问："你不会让别人取代我吧？"

"不……这里没人能取代任何人。这里是精灵天堂，很大，足够容纳每个人。"我安慰着不安的他。这曾是我们每天都会呢喃的睡前故事，特别是在我们许下诺言之后。

他人的碰触不仅是一个被动过程，而且也是我们与他人行为和意图的融合过程。两具纠缠的身体能感受到融合，也能清楚地感受到自己的独立存在。他人的抚摸可以产生微妙的力量，唤醒那些看似了无生机或全然遗忘的身体记忆，赋予它们新的意义。传达情感时，肢体接触是微妙而强大的手段。每次肢体接触所传达的情感都有细微的区别。肢体接触包含不同的形式、速度、时长、强弱和影响。它可以是坚定而温柔的、戛然而止的、蔓延的和集中的。就像书法一般，肢体语言巧妙地将情感当作墨汁挥洒。虽然每个人都有一套肢体接触的方式，但表达的情感是互通的。特别是两个熟悉的人，更能读懂对方肢体语言中的情感。事实上，陌生人之间也能透彻地理解对方的肢体语言。

在一项十分巧妙的实验中，随机选取两人为一组，每组人员都能准确地传达和感受诸如欢乐、愤怒、悲伤、恐惧、爱意、厌恶、同情和感谢等情绪。在实验中，其中一人通过轻拍、抚摸、揉擦、捏、按压或用鼻子磨蹭等肢体接触的方式传达情绪，另一个人蒙住眼睛，凭借肢体感觉猜对方在表达何种情绪。实验发现并总结出各种肢体接触方式、时长和力度分别代表何种情绪。比如说，同情基本用轻拍或者用揉擦来传达；愤怒通常表现为推、摇晃和短暂而用力地紧握；表达悲哀的拥抱、抚摸和鼻子磨蹭都比较轻柔，持续时间较长。

从皮肤的纹路到大脑的细胞，关于肢体接触的神经构架已然展露在我们面前。轻柔地抚摸头部能激活特定神经末梢，并将神经冲动传达到脑岛皮质。而脑岛负责产生正面情绪。

罗兰·巴特（Roland Barthes）说过，"皮肤是语言"，会"随着欲望"摆动。"我与他人肢体厮磨，我与他人对话。"就像是用指尖说话，"或者说是言语生长出了手指"。爱侣间相互磨合，形成自己独有的表达，又不断制造新的爱语。身体是一张纸，肢体语言手捧着自己的字典，写下独有的句子。

玛格在聚会上第一次见到莫里斯，只看一眼就扎进了他那墨黑的眼眸里。那时，他穿着蓝白条纹的衬衫，没有系扣，还戴了一条薄薄的红色围巾。

"你的热情寄于何处？"莫里斯一上来就这么问玛格。

他喜欢用这样的开场白来窥探对方真正的欲求，他想了解对方为了什么而活。他还会默默计算对方回答的时间。如果太久没有应答，或是得到一些敷衍躲闪的回答，他就会立马抽身离开，继续寻觅下一个目标。

"爱情。只是爱情而已，我说真的。"这是玛格的回答。

不过当时的她只是在虚张声势。事实上，她的爱情世界是在认识莫里斯后才真正开启的。她觉得莫里斯会喜欢这个回答才这么说的。

"喂，那你的热情在哪里？"她反问道。

"帮助别人寻找热情、释放热情。"莫里斯回答道。

然后，莫里斯问了玛格的名字。他说自己之所以愿意聊下去，是因为他发现玛格已经无可救药地陷在生活的冗杂之中。他愿意分担这样不幸的人生。

"如果你把爱作为人生的前提，那么人生虽冗繁但甘甜。"莫里斯说着，吻着玻璃杯并抿了口酒。

他们相携去海边，相谈甚欢。直至清晨海鸥出现在辽远的天空，莫里斯才把玛格送回家。他的手大而有力，有着突出的关节。手指修长，暗合它主人敏锐的洞察力。

莫里斯对玛格说完再见，又大声说道："我想我有了新的热情，玛格！"他拉长了尾音，以一个飞吻结束。

三周后，一个明媚的十月午后，他们搬到一起住了。秋高气爽，他俩开着皮卡，载着满满一车家具去往新家。道路两旁的树木愉快地摇动枝叶，向他们致意。

"我可是会带很多朋友来家里的哦。"莫里斯给玛格打预防针。

"可以啊，但得经过我同意才行！"

大家都误以为他俩是兄妹，也许是因为，两人身上都有着一股迫切想要逃离原生家庭的渴望。一次从森林旅行归来的路上，怀孕的母亲在汽车后座上生下了莫里斯。在他还很小时，某天，他突然认为自己创造了"拥抱"这个词。他兴冲冲地跑出去，见到谁都想要表演一下拥抱。直到遇见玛格，他仍旧保持着这个习惯。

莫里斯拒绝了"光耀门楣"的法律专业，转而选择投身文学。他家是希腊移民。自从他离家搬到这个小镇上后，家里人再也不愿和他联系。莫里斯真正想念的只有母亲玛利亚。每次莫里斯烹饪番茄时，都会流露出浓浓的思念。后来有一天，玛利亚突然打破僵局，开始瞒着丈夫偷偷来看望儿子。她总是带上几瓶番茄酱和一本书，想让莫里斯多看看希腊文化和希腊语。书页里会夹着一个小小的信封，里面装着一些她的私房钱。

虽然玛格和莫里斯都有工作，但是钱总不够花。莫里斯在五条街外的一家超市做收银员。一般整个下午他都得待在那，挣的钱也只够付房租、买几瓶杜松子酒和一些烟。玛格在一家花店工作。如果早上不用上班，她会一边在宽敞的厨房里煮咖啡，一边看莫里斯在一旁做俯卧撑。

厨房里有一块大黑板，但不是用来写购物清单的。莫里斯会在上面随意涂画，或者潦草地写上些诗词或从书里看到的句子。他喜欢让她来猜画的含意，还会在空白处画一个问号，让她为这幅作品题词。如果有人心血来潮，用彩色粉笔起草一幅大作，另一人看见了就会添上几笔、擦去一些或修改几处。黑板画还有其他用途：画一只公鸡说明家里来了男性；一艘小船说明他们出门了；一弯月牙说明今晚是个静夜，家里只有他俩；一朵云则比较罕见，说明两人都需要私人空间。

窗户旁的角落里有一张宽大老旧的木桌，这里是两人亲密关系真正展现的地方。"美人,你看,我们就要在这里住下了。"莫里斯一边给桌子刷上白漆一边说道。

这张桌子见证了两人世界的相互交融,他们写下的许多纸条也在桌子上交叉重叠。莫里斯的一天从玛格的纸条开始。玛格在花店里浇花的时候,心里想着莫里斯半睁着眼、一头乱发,好奇地读着她留下的纸条。莫里斯也会留下自己的纸条,混在其中,让玛格来翻找。莫里斯每天都要写点文字,像是强迫症一般。他特别喜欢写诗,不写到满意不离开桌子。

玛格习惯听着音乐入睡。这是在她认识莫里斯后才养成的习惯,但是原因要追溯到她的童年。年幼的玛格住在一个大房子里,有自己的房间。她的一个叔叔也住在那，总是看电视到很晚。如果她还能听见电视声，说明叔叔还没空干其他事，自己可以安稳睡觉。但楼下的电视声一旦停止，她就会立刻惊醒。夜里突然的寂静代表着，有一头可怖的怪物正缓慢踏步上楼，朝着她的房间走来。

与莫里斯同居后的一个夜里，玛格再次无法入睡。虽然她一动不动，但莫里斯能觉察到她并未睡着。他假装沉沉睡去。玛格躺在他身边，在黑暗中盯着他看，然后莫里斯猛地睁开双眼。

"哈哈，你骗不到我。你怎么了？为什么不睡？"莫里斯停顿片刻，又问，"你是觉得吵吗？"

"寂静，莫里斯，这里一片寂静……"

"啊……你怕安静？那我打打呼噜？"

莫里斯爬起身来，走到楼下，打开厨房里的收音机，又返回睡房，将缓缓入眠的玛格抱在怀里。

经历过的所有苦难会在错综复杂的回忆里打上死结。这些死结蛰伏在我们的身体和思维里，留下带来痛苦的磨痕，也影响着我们对待亲密关系的方式。但是这种创伤并不总是无药可医，治愈的方法也是多种多样的。在基因、脑部神经网络、生活环境等方面，都能找到缓解创伤后遗症的入手点。事实上，精神创伤能够改变大脑某几个区域的实际尺寸。其中一个脑区是位于大脑前部的前扣带皮质。前扣带皮质可以处理身体、情感痛苦，参与决策制定，进行移情反应等其他人类社会活动。另一个脑区是位于边缘系统深处的海马回。海马回能储存、提取记忆，也能删除记忆。一项研究精神创伤受害者的实验，对比了依旧遭受回忆困扰和不受回忆困扰的大脑。实验表明，引起不同表征的原因可能与扣带完整性相关。扣带是一组连接扣带回皮层和海马回的白质纤维。前扣带皮质的另一个功能是协助海马回消除恐惧反应。因此，如果连接两者的扣带受损，则可能导致痛苦的回忆萦绕不去。

勇于接受有意义的帮助对于战胜精神创伤十分重要。充满善意的爱抚、社交和情感支持，特别是来自朋友和家庭的关怀，都是极好的帮助。在面对精神创伤后遗症时，我们可能会感到无比脆弱。

莫里斯曾是玛格的力量源泉。他理解她，愿意保护她。自那一夜起，每当听着音乐入睡时，玛格安稳得仿佛还躺在莫里斯怀里一般。

莫里斯哼曲子比较悦耳，但是唱歌就不行了。他反而喜欢听玛格唱歌，玛格唱的都是些20世纪30年代的老歌，他们可以随之起舞。玛格特别喜欢在莫里斯冲澡、对镜打扮时唱歌。莫里斯总是保持着高昂的兴致。在莫里斯的坚持下，玛格选择接受他的这一癖好。

家门内侧挂着一个古铜色的牌子，写着："滚蛋吧，不开心！"这句座右铭般的标语时刻提醒两人，要和过去的苦痛说再见，要记得人生苦短，需及时行乐；同时提醒自己，不要在不属于自己的事物上浪费哪怕一秒钟，不要违背自己的意愿生活哪怕一秒钟。他们明确了自己的人生目标和人生意义。为了保证每天的生活都没有偏离初衷，他们会时常问对方那个初次见面时的问题，让两人都能充分地践行自己的人生观。他们听从内心的声音，制定出"滚蛋吧，不开心！"的种种细则。其中最主要的就是要享受爱情。这条信仰让他们无论多么迷恋，也要远离那些得不到回应的爱情，远离那些出于各种原因拒绝爱情的人。

"我们这里不接受普通人！我才没那个时间呢！"他们这么告诉对方。

大家待在莫里斯身边的一个主要原因是，他有让别人明白自己到底想要什么的魔力。莫里斯总会换位思考，感悟别人心绪的每一丝细节。虽然他常常是个"厚脸皮"，但从不显得傲慢。他相信每个人都是独一无二的，鼓励大家诚实面对自我，不要认为自己平凡无奇。这就是为什么大家都愿意来找他。莫里斯和玛格只习惯和有着相似三观的人交朋友，也很擅长凭借直觉挑选朋友。他们对待喜欢的人，就如对待最后一滴杜松子酒一般珍惜。

在他们的世界里，没有模棱两可：只要他们说了愿意，那就是愿意，水晶般不掺杂任何杂质。

一个盛夏的周六清晨,两人都败给了热浪。他们懒散地躺着不愿动弹,比以往起得都晚。反正今天不用上班。

莫里斯先忍不住坐起身来,兴致勃勃地喊道:"亲爱的,我们今晚开派对吧!起来准备准备,我们大闹一场!"

莫里斯安排玛格准备食物,又让尼克买来酒水,自己跑出去挨家挨户地约周边所有朋友和认识的人。他回家的时候还带回来一篮子的花,与玛格和尼克一起布置走廊,还放上两排红色的蜡烛。只是玛格一直懒懒散散,一副心不在焉的模样。

"我知道你怎么回事——脑子里全是那个男生女相、肤若玉脂的谁吧?我看见你写给他的信了,他叫啥来着?"莫里斯问道。

"斯蒂芬。他的眼睛可好看了,湖水一般,就像能说话一样……我觉得他和我们一样。"玛格说着,又叹了口气。

斯蒂芬经常光顾花店,玛格也鼓起勇气给这小伙儿送过诗和花。但她有些胆怯,不曾在信纸上署名,也没留下过电话。这次派对似乎是个邀约的好时机,让他感受一下她的世界。但是,玛格有些犹豫,害怕他会拒绝。就算是在自己的地盘上,更为普遍的社会规则也会占据上风。每个人都会先考虑自身得失再做出行动。但莫里斯却给了她简单的指导:"亲爱的,如果你总是让自己不伤心,那就会伤掉其他很多人的心。你这样可能是在拒绝另一颗和你一样脆弱的心……记住我们的座右铭,要及时行乐!去邀请那个小可怜吧,现在、立即、马上去!他来了的话,不要忘记问他关于热情的那个问题啊。"

就像这样,莫里斯总是让玛格变得勇敢而充满活力——就像是载着她来了趟月球旅行。玛格给斯蒂芬发出邀请。在等待回复的时候,她突然明白,能鼓起勇气邀约就是一种胜利。

大家陆续来了,一大群人吵吵闹闹的,都是一副野蛮生长、精力旺盛的模样。大家都深深地被两人吸引。相似的观念让人们聚在一起,紧紧相依。尼克担任起音乐DJ,大家都跳起舞来。斯蒂芬也来了,他感谢玛格送的诗,还说他希望玛格在第一次送诗的时候就能署名。莫里斯在房间的角落一直看着他俩。离开之前,斯蒂芬约玛格下周六见面。

玛格使了个眼色,尼克会意,播放起莫里斯最喜欢的音乐。

玛格走过去,挽起莫里斯的手臂,拉着他跳起舞来，告诉他，他才是这里的主宰。他们在客厅中央，像是在一个他们创造的世界中心翩翩起舞。

不知不觉中，派对结束了。尼克像往常一样最后一个离开，只剩他俩坐在洒满烛光的走廊上。

"拜托，派对可还不能算结束，跟我来！"莫里斯说道。

他们奔跑到码头，一路放声大笑，直到跌落在沙滩上。玛格握着莫里斯的手，让他看远处的海平线。他带着笑意靠着她，缓缓抬头看去，目光拥抱着整个海洋和天际。他的脸上平静安宁，棱角分明的下颌宣示着反叛和坚毅。她总是折服在这样的光芒之下，希望它永不会黯淡。

"美人儿，我希望我们能永远相信生命的力量，相信生命展现出的所有形式。我们要接受脆弱，也要相信吾道不孤……其他很多事情都不重要，不必在意……不如我们发誓吧，说我们永不放弃。我们不会后悔的，我保证。"莫里斯将脸靠在玛格的肩侧，轻柔地说着。

那是个美好的夏夜，天空布满群星。它们也似在仔细聆听，忘记了眨眼。周匝的风也安静，只有最轻的浪花打来。他们只能听见远方传来鲸的歌声。

"我愿意发誓，莫里斯。"

那时的他们坚信自己会一路跟随自己的人生格言前行。他们听从内心的信仰寻找伴侣，感受希望和年轻的激荡。他们种下一颗生长在未来的橡子树种子。

朝霞在紫红色的天际落下光辉，莫里斯背着玛格回家，就如他们初见时那样。他将她放上床，长久地亲吻她的额头。玛格定定地看进他的双眸,不发一语。莫里斯伸手轻柔地盖上她的眼睛,直到她沉沉睡去才将手收回。他起身去打开收音机,才爬上床躺在她身边。

玛格无意间发现莫里斯后背的皮肤有些异常病变。从那天起,莫里斯就开始写小说了,他想把自己对于爱情的见解全部糅进书里。他开始夜间咳嗽、盗汗,发起高烧来几天都退不下去。这是染上了可怕的病毒。

在家附近的酒吧里,莫里斯和母亲玛利亚碰了面。他们的聚会还是以书和番茄酱开始。

"谢啦,妈,玛格和我都很喜欢你的番茄酱。"

"你还和那个女的住一起吗?你什么时候结婚啊?

你应该和妻子住在一起。"

"妈妈,我病了。"

莫里斯终于将这个可怖的消息告知了母亲,心里沉重如山的压力似乎轻了很多。但他也并没有多少释然的感觉,反而觉得整个人沉浸在悲哀的湖水里,咸咸的,似乎是眼泪的味道。

冬季再次来临,莫里斯加快了写书的步伐。两人都没开口,但都知道他必须得快点了。他们假装生活依旧,继续说着笑话,在黑板上涂涂写写。他们很少办派对了,但屋子里总是热热闹闹的,满是朋友。他们依旧在冲澡时哼唱,夜里的低语更加轻柔。不幸却并没有停下脚步,莫里斯的身体每况愈下。

一天早上玛格正在花店工作,尼克发现莫里斯倒在家里的木桌前不断抽搐，已经陷入昏迷。尼克连忙将莫里斯送去医院，又打电话让玛格赶紧来。

玛格来到莫里斯身旁。她用尽全身力气，说服莫里斯自己可以勇敢地面对脆弱，没有他的陪伴也可以活下去。

莫里斯几乎不能开口，但他还是断断续续地吐露："记住我们的决定，亲爱的……用所有的快乐建造起一个充满诗意的时空……"

玛格不断地点头，俯身拥抱着莫里斯。

他这才放心走了。

玛格一直抱着他，直到有人上前分开他们。从医院失魂落魄地回到家里，玛格倒了一杯杜松子酒，坐在那张木桌旁。黑板上的月亮静静地照着屋子，莫里斯最后

将自己画成孩子的模样,正在海边放风筝。他的稿纸就在她手边,首页上写着一首诗:

你身在何方?

这许久的时光

你猛然浮现在

最后笑语中

不合时宜的转折里

你让我写

日日的琐屑

说那是希望

我尽力咽下

直至窒息

流言蜚语固然可怕

但生活的芽尖依旧长出花来
我说不清这是什么道理
但日日皆好日

我们向死而生

我闻
凡事皆虚妄

嘘，我才不信

罢了，尾声将至
如果那天真的来临，不要告诉任何人……

诗并没有结尾，就如他的生命一般，刚要绽放就已枯萎。后来，尼克接着病倒离去。玛格不知道为什么她没染上。

信守诺言并不总是简单的事情。莫里斯走的时候太过年轻，还没经历什么足以让他挣扎和犹豫的诱惑。在长久的孤单和脆弱下，玛格几乎就要放弃了。

自从遇见莫里斯，玛格总是强迫自己思考何为意义——亲密的意义、真实的意义和陪伴的意义——拒绝接受为了活着而活着。"滚蛋吧，不开心！"要求她必须寻求灵魂契合的亲密关系。她每天都要告诉自己，相信自己信念的诚挚、内心的宽广，相信自己能找到与自己信仰相同的人，不管有多么艰难、多么不确定、多么不容于世。多年以来，玛格发觉人们，特别是年轻人在爱情面前显得越发清醒，越发害怕爱情，越发裹足不前。但是，她依旧坚守诺言，和同道之人相聚，鼓励其他迷失而痛苦的灵魂。渴求真实是一份礼物，而不是诅咒。

那么我们还能做些什么？在亲密关系里，慷慨大方或许危险但回报丰厚。玛格选择冒险，对她而言似乎也没有其他活着的方法了。

玛格听见莫里斯在轻呼她的名字。他总是在恰当的时候来到她耳边低语，她也觉得这有些匪夷所思。

即便是莫里斯去世之后，他的地位也难以撼动。安东尼的出现，似乎将莫里斯留下的诗文修补完好了。在玛格眼里，安东尼具有如莫里斯一般的特质。安东尼的每寸肌肤都散发着生命的活力。在面对别人施与的温暖之时，他并不会心怀疑虑而眼神躲闪。他可以义无反顾地接受亲密关系的邀约。因为它就在眼前，而且没有害处。如果没有任何伤害彼此的意图，那么就没有恐惧亲密关系的理由。

安东尼在长凳上靠着她坐着，厚着脸皮盯着她看，直到她开始微笑。玛格突然意识到，这是来自精灵天堂的礼物。在安东尼面前，她可以做自己。她看见那颗小小的橡子已然长成蔚然的大树。莫里斯去世之后,再没人能让她安然入睡。

玛格爬上了床,想起躺在莫里斯身边,听他呼吸时的感觉。他会用腿裹住她,让她窝在自己怀里。她还听见他在耳边低声呢喃,提醒她要坚持做自己。

如果玛格闭上眼全神贯注,就能听见莫里斯对她说话。他没有嫉妒,完全认同安东尼,还催促玛格快去约人来家里聚会,让安东尼成为那个天天听她聊天的人。

"你还能怎样,亲爱的?他和我们一样。他如此稀有,一旦出现,你除了说"我愿意"还能说什么?而我们说了愿意,就是愿意。不是吗?"

"是的,莫里斯。该死,的确如此。"玛格呢喃道。除了说"我愿意"之外别无他法。

鸣 谢

我在许久之前就开始构思本书。我们一直都在练习与人建立和维系亲密关系，因为亲密关系是关于未来的映射，理应不断学习。在我专研亲密关系期间，有几所图书馆为我提供了坚实可靠的知识支撑。一家是柏林高等研究院图书馆，一家是都柏林三一学院图书馆。另外，特别感谢位于爱尔兰邓莱里的公共词典图书馆。我常在那里坐上数小时，特别是在书快要完成的时候。在志同道合的图书馆员的陪伴下，在馆内典雅幽静的书卷气息中，即便是长久地伏案工作，也显得那么舒适而安逸。

感谢利特尔&布朗出版社的员工克劳迪亚·康纳尔，他最早肯定我关于本书的构想，并为我提供了细致的编辑指导。也感谢吉莉安·杨在本书的定稿、出版阶段中表现出的专业精神。

感谢康维尔&沃尔什代理社的所有职员，特别是国外版权办公室的亚历山大·考昆、亚历珊德拉·麦克尼科和杰克·斯密斯·波桑吉特，感谢他们对每一本新书都表现出特有的热情。

我有幸能与诸多朋友数次谈论亲密关系相关话题，这里列出部分以表感谢：也加·阿里卡、多米尼克·凯拉克、伊拉里亚·奇切蒂、尼尔森·罗斯·安妮·克莱蒙、马克·朱利亚诺、乔纳斯·伊勒、大卫·克里彭多夫、威廉·穆里根、杰米·奥尼尔、艾达·潘尼切利、恩扎·拉古萨、唐娜·斯通西弗以及凯瑟琳娜·维德曼。

向挚友坎迪斯·沃格勒表达我诚挚的谢意。十年前我还在柏林的时候，就开始与他交流关于亲密关系的见解。而我们的对话持续至今，这是我莫大的幸运。

感谢"人间百科书"戴维·哈珀林的指点,让我得以欣赏到《一课》这样的诗歌。同时也感谢在柏林高等研究院暂留期间,他与我的数次极具启发性的对话。

特别感谢爱尔兰新家的那些慷慨乐观的邻居——肯·亨德森、黑兹尔·亨德森和弗朗西斯·斯塔克。感谢他们对我的热烈欢迎,在我最为忙碌时的不断鼓励,都快把我给宠坏了。

也加·阿里卡、斯蒂芬妮·布兰卡福特、威廉·穆里根、艾达·潘尼切利、唐娜·斯通西弗都耐心地阅读过本书的初稿,特此感谢他们建设性的意见和建议。感谢恩里科·格莱恩阅读本书中的《闯》。

感谢文稿代理人凯莉·卡尼亚,没有她的帮助,这本书便无法出版发行。感谢她不知疲倦的辛勤工作、建议和疑问,以及对我的创作灵感细致入微的关注。

感谢我挚爱的家人。